ACTAS

I JORNADAS INTERNACIONALES DE TRABAJO
USO Y ABUSO DE DROGAS
Y OTROS ADICTIVOS

ACTAS

I JORNADAS INTERNACIONALES DE TRABAJO

USO Y ABUSO DE DROGAS Y OTROS ADICTIVOS

"Jóvenes, vulnerabilidad y activos para la salud"

Coordinación

Marta Lima Serrano
Rocío de Diego Cordero
Joaquín S. Lima Rodríguez

EGREGIUS
ediciones

I JORNADAS INTERNACIONALES DE TRABAJO USO Y ABUSO DE DROGAS
Y OTROS ADICTIVOS
Ediciones Egregius
www.egregius.es
Diseño de cubierta e interior: Francisco Anaya Benitez
© Los autores
1ª Edición. 2019

ISBN 978-84-17270-81-0

NOTA EDITORIAL: Las opiniones y contenidos publicados en esta obra son de responsabilidad exclusiva de sus autores y no reflejan necesariamente la opinión de Egregius Ediciones ni de los editores o coordinadores de la publicacion; asimismo, los autores se responsabilizarán de obtener el permiso correspondiente para incluir material publicado en otro lugar.

Presidenta de las Jornadas

Marta Lima Serrano

Comité Científico

Presidente

Joaquín Lima Rodríguez

Componentes

Rocío de Diego Cordero
Sergio Barrientos Trigo
Jose Manuel Martínez Montilla
Ana Magdalena Vargas Martínez
Juan Vega Escaño
Mª Ángeles García-Carpintero Muñoz
Esther Molina Rivas
María Dolores Cano Caballero Gálvez
María González Cano Caballero
Isabel Domínguez Sánchez
Francisco Vega Rodríguez

Comité Organizador

Presidenta

Rocio De Diego Cordero

Componentes

Andrea García García
Carmen Torrejón Guirado
José Manuel Martínez Montilla
Juan Vega Escaño
María Parra Gallego
Isabel Dominguez Sánchez
Marisa Acuña
María González Cano Caballero
Sara Diaz Castro
Ana Magdelana Vargas Martínez
Nicia del Rocio Santana Berlanga
Rocío Cáceres Matos
Elena Fernández García
Pablo Fernández León
Francisco Vega Rodríguez

ÍNDICE

PRESENTACIÓN 11
    Marta Lima Serrano, Rocío de Diego Cordero
    y Joaquín S. Lima Rodríguez

PROGRAMA CIENTÍFICO 13

PONENCIAS

PREVENCIÓN DEL USO Y ABUSO DE DROGAS Y OTROS ADICTIVOS EN
PERSONAS JÓVENES: BASADA EN LA EVIDENCIA DESDE UNA
PERSPECTIVA INTERNACIONAl 19
    Dra. Nora Angélica Armendáriz García

ACTIVOS PARA LA SALUD: INTERNET Y E-SALUD FRENTE AL USO Y
ABUSO DE DROGAS Y OTROS ADICTIVOS..23
    Marta Lima-Serrano

COMUNICACIONES

METODOLOGÍA DE CAPTACIÓN DE JÓVENES CON ALTA
VULNERABILIDAD HACIA EL CONSUMO DE SUSTANCIAS ADICTIVAS
DESDE EL MOVIMIENTO ASOCIATIVO DE SEVILLA...38
    Rocío Illanes Segura

ADAPTACIÓN CULTURAL Y EVALUACIÓN DE UN PROGRAMA BASADO
EN LA WEB PARA LA PREVENCIÓN DEL *BINGE-DRINKING* EN
ADOLESCENTES 40
    José Manuel Martínez-Montilla, Sara Amo-Cano, Ana Magdalena
    Vargas-Martínez, María Parra-Gallego, Andrea García-García y
    Marta Lima-Serrano

ADICCIÓN AL EJERCICIO: UN NUEVO TIPO DE DEPENDENCIA 42
    Rocío Cáceres Matos y Sara Díaz Castro

CONSECUENCIAS DEL USO DE DROGAS ILEGALES EN EL FETO Y
RECIÉN NACIDO 44
    Maria González Cano Caballero, Bibiana Pérez Ardanaz y
    Mª Dolores Cano Caballero Gálvez

CONSUMO DE SUSTANCIAS TÓXICAS EN ADOLESCENTES,
IMPLICACIÓN DESDE ATENCIÓN PRIMARIA 46
    María Villaverde López Domínguez, María Dolores Puerta Ordóñez y
    Ana Isabel Herrera Alcalá

ESTUDIO FIESTA Y DROGAS: RASGOS DE PERSONALIDAD Y CONSUMO
DE DROGAS ENTRE ASISTENTES A FESTIVALES DE MÚSICA 48
    Bella María González Ponce, Daniel Dacosta Sánchez,
    Pilar Cáceres Pachón, Ana María De la Rosa Cáceres y
    Fermín Fernández Calderón

ESTUDIO HEPÁTICO DEL ESTRÉS OXIDATIVO GENERADO POR EL
CONSUMO DE ALCOHOL. EL ÁCIDO FÓLICO COMO TERAPIA......................50
    Sánchez de la Campa L., Nogales F., Carreras O. y Ojeda ML.

EVALUACIÓN DE LA IMPULSIVIDAD COGNITIVA Y MOTORA EN
JÓVENES ESTUDIANTES...52
    Alline Cristina Cavalcante Souza, Ana Sanchez-Kuhn,
    Margarita Moreno Montoya y Pilar Flores Cubos

EVOLUCIÓN DE LAS ADICCIONES EN CUANTO AL GÉNERO: REVISIÓN
DE LA BIBLIOGRAFÍA 54
    María Parra-Gallego, Ana Magdalena Vargas-Martínez,
    José Manuel Martínez-Montilla, Andrea García-García,
    María Isabel Acuña-San Román y Joaquín Salvador Lima-Rodríguez

FACTORES DE RIESGO EN EL CONSUMO DE DROGAS EN LOS
ADOLESCENTES 56
    María Dolores Puerta Ordóñez, María Villaverde López Domínguez y
    Ana Isabel Herrera Alcalá

INFLUENCIA DE LA FAMILIA EN EL CONSUMO DE DROGAS 58
    Miriam Alonso-Ruiz. Nerea Jimenez-Picon y
    Angela Cantero-del-Toro

INTERVENCIONES ENFERMERAS EN LA REHABILITACIÓN DE
DROGODEPENDIENTES.. 60
    Cantero-del-Toro, Ángela; Jiménez-Picón y
    Nerea; Alonso-Ruiz, Miriam

LA ADICCIÓN AL JUEGO. REFERENTES CLAVES PARA LOS PROCESOS
DE INTERVENCIÓN PSICOSOCIAL 62
    Pilar Blanco Miguel y Yolanda Borrego Alés

MODELO, NORMA Y PRESIÓN SOCIAL: INFLUENCIA DE LOS PARES EN
EL CONSUMO DE CANNABIS EN ADOLESCENTES 64
    Ángela de Castro Fernández, Mª Carmen Barrera Villalba,
    Alejandra Villa Jaime, Mª Carmen Moreno Castro,
    Marta Lima Serrano y Mª Carmen Torrejón Guirado

PAPEL DE LOS SUPLEMENTOS ANTIOXIDANTES FRENTE AL CONSUMO DE ALCOHOL TIPO BOTELLÓN 66
Nogales F., Sánchez-Ramos D., Ortiz-Rendón O., Sobrino P., Ojeda ML.y Carreras O.

PERCEPCIÓN DE RIESGO DEL CONSUMO DE DROGAS EN UNA POBLACIÓN UNIVERSITARIA DE LA COMUNIDAD DE MADRID 68
Ana Casaux Huertas y Pilar Mori Vara

TEN YEARS OF TRANSCRANIEAL DIRECT CURRENT STIMULATION AND SUBSTANCE USE DISORDERS: A 2018 UPDATE 70
Sánchez-Kuhn, Ana y Sánchez-Santed, Fernando y Flores, Pilar

USO NOCTURNO DE APARATOS TECNOLÓGICOS E INSOMNIO: UN PROBLEMA CRECIENTE ENTRE LOS ADOLESCENTES 72
Díaz Castro, S. y Cáceres Matos, R.

USO TERAPÉUTICO DEL CANNABIS Y BAJA PERCEPCIÓN DEL RIESGO EN ADOLESCENTES: ANÁLISIS CUALITATIVO 74
Andrea García-García, María del Carmen Torrejón-Guirado, Maria Isabel Acuña-San Román, Francisco Vega-Rodríguez, Sara Amo-Cano y Marta Lima-Serrano

VARIABLES PERSONALES ASOCIADAS AL CONSUMO DE CANNABIS EN ADOLESCENTES DE 13 A 18 AÑOS: REVISIÓN DE LA LITERATURA 76
María del Carmen Torrejón-Guirado, Andrea García-García, Francisco Vega-Rodríguez, María Isabel Acuña-San Román, José Manuel Martínez-Montilla y Marta Lima-Serrano

VARIABLES RELACIONADAS CON LA EVOLUCIÓN DE LA DISCAPACIDAD EN PATOLOGÍA DUAL: UN ESTUDIO LONGITUDINAL 78
Rafael Mora Macías, Sergio Navas León, Sara Domínguez Salas, Juan José Mancheño Barba y Maria Luisa Gutiérrez López

ALERTA ALCOHOL EN FAMILIA: PROTOCOLO Y AVANCES EN LA INTERVENCIÓN FAMILIAR WEB PARA PREVENIR EL CONSUMO DE ALCOHOL EN ADOLESCENTES 80
Mª Isabel Acuña San Román, Francisco Vega Rodríguez Andrea García García, Mº Parra Gallego, Carmen Torrejón Guirado y Marta Lima Serrano

VIVENCIAS EN AL-ANON: COMPARATIVA ENTRE PORTUGAL Y ESPAÑA 82
Claudia Bernabéu Álvarez, Joaquín Salvador Lima-Rodríguez y Emília Isabel Martins Teixeira da Costa

¿ACTUA LA RESILIENCIA COMO PREVENCIÓN FRENTE AL CONSUMO DE DROGAS, LICITAS E ILICITAS, EN ADOLESCENTES? 84
    Sara Amo Cano, José Manuel Martínez-Montilla,
    María del Carmen Torrejón Guirado, Ana Magdalena Vargas y
    Marta Lima-Serrano

¿CÓMO INFLUYE EL GÉNERO EN LOS TRASTORNOS POR USO DE SUSTANCIAS? 86
    Lorena Tarriño Concejero, Mª de los Ángeles García-Carpintero,
    y Sergio Barrientos Trigo

EL FENÓMENO DEL ALCOHOL Y DROGAS EN PERSONAS QUE TRABAJAN DE TEMPORADA EN IBIZA: APROXIMACIÓN A TRAVÉS DE METODOLOGÍA MIXTA 88
    Raquel Navarro Maldonado

ABUSO DE DROGAS EN ADOLESCENTES EMBARAZADAS: REVISIÓN BIBLIOGRÁFICA.. 90
    María Andreu Tornero, Luz Ureña Sánchez
    Marta Rodríguez Pascual y Ana María Rodríguez Sánchez

ADICCIONES EN LA ADOLESCENCIA..92
    Cristina Ruiz Peña, Laura de los Santos Tejada y
    Rocío Martín Camacho

ALCOHOL, DROGAS Y SEXO 94
    Cristina Ortiz Alonso y Sara Mª Cabello Navóz

APPS DESTINADAS AL CONTROL DEL CONSUMO DE ALCOHOL 96
    Ángeles Ramos Martínez, Desirée Ramírez López,
    María del Carmen Rodríguez García y María Sánchez Navarro

CAMBIOS NEUROANATÓMICOS Y NEUROFUNCIONALES INDUCIDOS POR EL CONSUMO DE CANNABIS 98
    Maria Del Mar Macho Rivero

CONSUMO DE TABACO Y ALCOHOL EN LOS ADOLESCENTES DE UNA REGIÓN DEL NORTE DE PORTUGAL 100
    María Dolores Guerra-Martín, Henriqueta Ilda Verganista Martins,
    Luísa Maria da Costa Andrade, Maria Manuela Ferreira Pereira y
    Karla Maria Carneiro Rolim

CUIDADOS DE ENFERMERÍA EN RECIÉN NACIDOS CON SÍNDROME DE ABSTINENCIA 102
    Carlos Alba López, Darío Sánchez Fernández, María Martínez López,
    María Catalina García Gázquez y Andrea Vera Pérez.

EFICACIA DEL *YOGA* EN EL TRATAMIENTO DE ADICCIONES 104
    Concepción Rubiño García, Víctor Manuel Paqué Sánchez y
    Nuria Rodríguez Pérez

ENFERMERIA Y LA APLICACIÓN DEL PROBLEM ORIENTED SCREENING
INSTRUMENT FOR TEENAGERS (POSIT) 106
    María del Carmen Rodríguez García, María Sánchez Navarro
    Ángeles Ramos Martínez y Desirée Ramírez López

FACTORES DE RIESGO Y PREVENCIÓN DE RECAÍDAS EN PERSONAS
DROGODEPENDIENTES 108
    Ana Belén Llanos Gálvez, Lidia Moya Rodríguez y
    María Sánchez Venegas

FACTORES PROTECTORES DEL REINTENTO DE SUICIDIO EN
TRASTORNOS ADICTIVOS 110
    David Sánchez-Teruel, Valentina, Lucena Jurado y
    Mª Auxiliadora Robles Bello

IMPACTO DEL EQUIPO MULTIDISCIPLINAR EN EL PROCESO
ASISTENCIAL EN PERSONAS CON CONSUMO DE DROGAS 112
    Maldonado Barragán J., Mizyuk Gorokhova O. y
    Campos Maldonado CM.

IMPORTANCIA DE LA ACTIVIDAD FÍSICA EN PERSONAS
DEPENDIENTES A SUSTANCIAS TÓXICAS 114
    Sánchez Navarro, M., Ramos Martínez, A.,
    Ramírez López, D. y Rodríguez García, M.C.

INTERVENCIÓN COMUNITARIA EN EDUCACIÓN PARA LA SALUD
FRENTE AL CONSUMO DE DROGAS EN ADOLESCENTES 116
    Pérez-Ardanaz Bibiana y González Cano-Cabalero Mária

INTERVENCIONES PARA DISMINUIR EL CONSUMO DE MARIHUANA EN
ADOLESCENTES 118
    Nerea Márquez Delgado, María de los Ángeles Jiménez Carrión y
    María Guerrero Royo

LA DEPENDENCIA A LOS ANALGÉSICOS: CASO CLÍNICO 120
    Fernández-León, Pablo y Colorado-Sánchez, Carolina

LOS EFECTOS EN LA SALUD DEL CONSUMO DE CACHIMBAS EN
ADOLESCENTES 122
    María de los Ángeles Jiménez Carrión, María Guerrero Royo y
    Nerea Márquez Delgado

PREDICCIÓN DEL CONSUMO DE CANNABIS SOBRE OTRAS SUSTANCIAS
PSICOACTIVAS EN ESTUDIANTES UNIVERSITARIOS.. 124
    David Sánchez-Teruel, Mª Auxiliadora Robles-Bello,
    Mª Inmaculada Ruiz García, Nieves J. Valencia Naranjo,
    Mª Dolores de los Riscos Casasola y José Antonio Muela Martínez

PREVALENCIA Y FACTORES PREDICTORES DEL CONSUMO DE
ALCOHOL DURANTE EL EMBARAZO Y TRASTORNOS DEL ESPECTRO
ALCOHÓLICO FETAL 126
    Gómez-Luque, Adela, Romero-Zarallo, Gema,
    Clavijo-Chamorro, Zoraida y Cordero-Luengo, Mª del Carmen

PROGRAMAS DE PREVENCIÓN DE ADICCIONES EN NIÑOS Y JÓVENES
DE SEVILLA. ADMINISTRACIONES AUTONÓMICA Y LOCAL.......................... 128
    Antonio Manuel Barbero Radío, Alejandro Antonio Greciano Luque y
    Juan Jesús Alcón Villalba

RELACIÓN ENTRE EL CONSUMO DE CANNABIS Y LAS IDEAS Y/O
TENTATIVAS SUICIDAS EN LA POBLACIÓN JOVEN.. 130
    Luz Ureña Sánchez y Marta Rodríguez Pascual

RIESGOS DE LA ADICCIÓN A LAS BENZODIAZEPINAS. ESTRATEGIAS
PARA EL MANEJO ADECUADO DEL TRATAMIENTO 132
    Nuria Rodríguez Pérez, Concepción Rubiño García y
    Víctor Manuel Paqué Sánchez

ROL DE ENFERMERÍA EN LA ADHERENCIA FARMACOLÓGICA AL
DISULFIRAM EN LA DESHABITUACIÓN ALCOHÓLICA 134
    José Antonio Jiménez

TRASTORNO POR CONSUMO DE CANNABIS EN JÓVENES............................ 136
    Marta Rodríguez Pascual, Luz Ureña Sánchez y
    María Andreu Tornero

CONCLUSIONES

LAS JORNADAS INTERNACIONALES DE TRABAJO SOBRE USO Y ABUSO
DE DROGAS Y OTROS ADICTIVOS. 139
    Dra. Rocío de Diego Cordero

PRESENTACIÓN

El grupo PAIDI CTS-969, dentro sus líneas de investigación, está involucrado en diversos proyectos relacionados con las adicciones enfocados al estudio de los patrones de consumo de sustancias adictivas, sus determinantes y posibles medidas de prevención y control. Es por ello, que el pasado 18 de diciembre de 2017 se constituyó como miembro de la Red Andaluza de Investigación en Drogas y Adicciones (RAIDA) dentro del Observatorio de Drogas y Adicciones de Andalucía.

Para dar difusión al trabajo que se está realizando, establecer contactos dentro de esta y otras redes de investigación y drogodependencias, así como discutir y proponer estrategias que contribuyan a la prevención y control del uso y abuso de drogas y otros adictivos, se propone el desarrollo de las Jornadas Internacionales de Trabajo Sobre Uso y Abuso de Drogas y otros Adictivos, realizadas en Sevilla, el 14 y 15 de junio de 2018.

Objetivos:

- Desarrollar un foro de encuentro, debate, discusión, intercambio de ideas, entre profesionales sociosanitarios del ámbito de la prevención y control del uso y abuso de drogas y otros adictivos.

- Difundir y presentar los trabajos de investigación relacionados con el estudio, la prevención y control del uso y abuso de drogas y otros adictivos.

- Concienciar, contando con la participación de estudiantes de la Universidad de Sevilla y otras universidades, de la importancia y la necesidad de involucrarse tareas de investigación que contribuyan a la prevención y control del uso y abuso de drogas y otros adictivos.

- Se dirigen a docentes, personal sociosanitario del ámbito de la prevención y control del uso y abuso de drogas y otros adictivos, así como estudiantes de Grado, Máster y Doctorado en Ciencias de la Salud.
- Las jornadas recibieron reconocimiento de Interés Sanitario para Actos de Carácter Científico y reconocimiento créditos ETCS.

Marta Lima Serrano
Presidenta de las Jornadas
Rocío de Diego Cordero
Presidenta del Comité Organizador
Joaquín S. Lima Rodríguez
Presidente del Comité Científico

PROGRAMA CIENTÍFICO

Jueves, 14 de junio

08:15. Entrega de la documentación

09:00-09:30. Acto de inauguración

09:30-11:30. Mesa 1:

"Vulnerabilidad de las personas jóvenes al uso y abuso de drogas y otros adictivos"

- Rasgos de personalidad e impulsividad como factores de vulnerabilidad para el uso y abuso de sustancias y otros adictivos. ***Pilar Flores Cubos***
- Tipos de violencia asociadas al consumo intensivo de alcohol en personas jóvenes, perspectiva de género. ***Nuria Romo***
- Vulnerabilidad para el uso y abuso de sustancias y otros adictivos. Una visión asistencial. ***Antonio Villas Palau***

11:30-12:00. Descanso

12:00-13:30. Mesa 2:

"Activos para la salud de las personas jóvenes frente al uso y abuso de drogas y otros adictivos"

- Activos para la salud frente al uso y abuso de drogas y otros adictivos: parentalidad positiva. ***Alfredo Oliva Delgado***
- Redes de apoyo social en el uso y abuso de drogas y otros adictivos. ***Emiliano Martín González***
- Activos para la salud: Internet y E-Salud frente al uso y abuso de drogas y otros adictivos. ***Marta Lima-Serrano***
- Activos para la salud: asociaciones y grupos de ayuda mutua. ***Jesús Herrera Tercero***

13:30-15:00. Almuerzo

15:00-16:30. Proyección de Pósters en formato electrónico

Talleres y seminarios

16:30-19:00

- Publicaciones sobre uso y abuso de sustancias y otros adictivos. **Pilar Alejandra Sáiz.**
- Detección y estrategias de intervención en el ámbito laboral. **Rocío De Diego Cordero y Juan Vega Escaño.**
- Vulnerabilidad biológica para el uso y abuso de sustancias y otros adictivos. **Olimpia Carreras Sánchez y Fátima Nogales Bueno.**
- Estigma del uso y abuso de sustancias y otros adictivos. **Enrique Pérez-Godoy Díaz y Pilar Cordero Ramos.**
- Inteligencia emocional para la prevención del uso y abuso de drogas y otros adictivos. **Yolanda Fernández Cacho.**
- Detección y abordaje sociosanitario de personas jóvenes que usan o abusan sustancias y otros adictivos. Desde la clínica. **Rafael Ángel Maqueda y Montserrat Román Cereto.**
- Género y uso y abuso de sustancias y otros adictivos en jóvenes. **Mª Ángeles García-Carpintero Muñoz y Lorena Tarriño Concejero.**

Viernes, 15 de junio

09.00-10:00. Proyección de pósters en formato electrónico

10:00-10:30. Descanso

Talleres y seminarios

10:30-12:30

- Detección y estrategias de intervención: La familia y parentalidad positiva. ***Joaquín Lima Rodríguez e Isabel Domínguez Sánchez.***
- Detección y estrategias de intervención: Mediadores e iguales. ***Antonio Barbero Radío y Antonia Espejo Jiménez.***
- Detección y estrategias de intervención: Tecnologías de la información y la comunicación. ***José Manuel Martínez Montilla y Jose Antonio Zafra Agea.***
- Evaluación de costes asociados al uso y abuso de sustancias y otros adictivos. ***Ana Magdalena Vargas Martínez.***
- Mindfulness y otras terapias complementarias para la prevención del uso y abuso de drogas y otros adictivos. ***Mariló Gascón Aguilar.***
- Políticas de reducción de riesgos y daños asociados al uso y abuso de sustancias y otros adictivos. ***María del Carmen Mota Pérez***
- Detección y estrategias de intervención: La escuela. ***Marta Manzano García.***

12:45-14:00

Mesa 3:

"Hacia la prevención del uso y abuso de drogas y otros adictivos en personas jóvenes. Efectividad modelos"

- Líneas institucionales de investigación y prevención del uso y abuso de drogas y otros adictivos en personas jóvenes. ***Fernando Arenas Domínguez.***
- Experiencias aprendidas en la prevención del uso y abuso de drogas y otros adictivos en personas jóvenes. ***Ana González Izquierdo.***
- Prevención del uso y abuso de drogas y otros adictivos en personas jóvenes: Basada en la Evidencia desde una perspectiva Internacional". ***Nora Angélica Armendáriz García.***
- Towards the prevention of drugs use and abuse and other addictive substances in young people. ***Pablo de los Santos Duarte.***

14:00. Presentación de las conclusiones y despedida

PONENCIAS

PREVENCIÓN DEL USO Y ABUSO DE DROGAS Y OTROS ADICTIVOS EN PERSONAS JÓVENES: BASADA EN LA EVIDENCIA DESDE UNA PERSPECTIVA INTERNACIONAL

Dra. Nora Angélica Armendáriz García
Facultad de Enfermería
Universidad Autónoma de Nuevo León
México

Los inhalantes son sustancias volátiles que producen vapores químicos que se pueden inhalar para provocar efectos psicoactivos o de alteración mental.

Se clasifican como depresores y se encuentran en muchos productos de uso doméstico o empleados en el lugar de trabajo, estos pueden ser disolventes volátiles, aerosoles, gases y nitritos (Balster, Cruz, Matthew, Howard, Dell & Cottler, 2009).

En relación a la farmacocinética de esta droga se documenta que pocos segundos después de la inhalación, el usuario experimenta la intoxicación y otros efectos como dificultad para hablar, incapacidad para coordinar movimientos, euforia y mareo. Los efectos fisiológicos que produce el inhalante al corto tiempo de su uso son diversos entre estos se encuentran la ansiedad, delirio, desorientación, somnolencia, visión borrosa, dolor muscular, náuseas, vómito, cefalea, crisis convulsivas entre otras. Como se puede observar estas consecuencias pueden presentarse de manera inmediata posterior a su consumo, sin embargo existen otras consecuencias inducidas por el consumo prolongado de los inhalables como el daño hepático, ataque cardiaco, daño renal, daño gástrico, daño cerebral y depresión. Por lo anterior se considera que el consumo de inhalables es el causante de un gran problema de salud en las personas que lo consumen, y desafortunadamente la literatura menciona que los principales usuarios de esta droga son adolescentes y jóvenes (National Institute on Drug Abuse, 2011).

Consumo de inhalables en México

Los inhalables son las sustancias de inicio más temprano y más prevalentes hasta los 15 años de edad en México. Hasta la década de 1970, el consumo de inhalables parecía circunscrito a determinadas poblaciones marginadas de los ambientes urbanos. Sin embargo, en las siguientes décadas se reporta su uso en ciertos estudiantes de educación media y media superior de todos los niveles sociales del país. Actualmente, el fenómeno aparece en algunos adultos y adultos mayores, así como en algunos miembros de ciertos poblados rurales e indígenas. Existen algunos factores de riesgo tanto macro como microsociales, dentro de los macrosociales se encuentran la deficiencia de la regulación sanitaria, negligencia de los comercializadores, amplia disponibilidad y al bajo costo, comercialización de sustancias tóxicas, legalidad de la producción. Los factores microsociales que se han identificado son las características de los usuarios, el contexto del consumo y los efectos placenteros que el usuario experimenta posterior al consumo (Martínez, Sánchez, Vázquez, & Tiburcio Sainz, 2016).

La estadística a nivel nacional y América Latina indican que Prevalencias de alguna vez en la vida, último año y mes basado en encuestas escolares en estudiantes de 13 a 17 años. Así mismo el uso de inhalables es particularmente alto en el Caribe. Entre los 12 países del Caribe de los que se tuvo información sobre inhalables, 8 tienen prevalencia de uso superior a 5,9 %, por encima de todos los demás en el continente, situando a la región en un intervalo de prevalencia alta, con la excepción de República Dominicana donde el consumo es sustancialmente inferior (Informe del uso de drogas en las Américas, 2015 / Comisión Interamericana para el Control del Abuso de Drogas).

En otros países, los porcentajes de estudiantes que habían usado inhalantes en los últimos 12 meses fueron: Argentina 2.6%; Chile 2.5%; Ecuador 2.3%; Perú 1.8%; Uruguay 1.5%; Paraguay 1.5%; y Bolivia 1.2%.

En México, se informó que el uso de inhalantes había incrementado de .5% en 2011 a 1.1% en 2016. La población que se considera de alto riesgo para el consumo de solventes inhalables son grupos marginales, integrantes de bandas juveniles, niños en situación de calle, menores recluidos en centros de detención y sexoservidoras.

En cuanto a las razones para consumir mencionaron adversidades graves de la vida, maltrato o abuso sexual, violencia policíaca por pertenecer al grupo de consumidores y falta de programas de prevención.

En estudios con niñas en situación de calle, se ha encontrado que ellas habían iniciado el consumo de inhalables al ingresar al colectivo callejero, que tenían relaciones sexuales sin protección, y que continuaban el consumo durante el embarazo a pesar de saber que éste podía afectar al producto.

De una encuesta realizada con adolescentes en conflicto con la ley, el 23% reportó abuso de inhalables. El sexo, el bajo nivel socio-económico y el estatus laboral, fueron los principales factores de riesgo asociados con el abuso de inhalables (Centros de Integración Juvenil, 2011; Moreta-Herrera, Mayorga-Lascano, León-Tamayo, & Ilaja-Verdesoto, 2018)

Ya que se conoce la problemática es importante el plantear estrategias preventivas para evitar el consumo de drogas. Aun cuando la Ley General de Salud establece disposiciones para prevenir el abuso de inhalables, estas no se cumplen en la práctica, por lo sé que deben llegar a acuerdos para que se apliquen las leyes, así como regular la venta de disolventes líquidos, además de controlar la distribución de tolueno y concienciar a padres de familia maestros y la población en general sobre los graves daños que producen los disolventes volátiles en la salud.

Desde mi punto de vista el trabajo debe ser desarrollado con un enfoque multisectorial y desde todos los ángulos y perspectivas con un enfoque multifactorial.

Con un enfoque multisectorial se deben involucrar a las autoridades de salud, de seguridad pública, de desarrollo social y económico; y con un enfoque multifactorial tratar el problema de la drogadicción y de las adicciones implica a factores sociales, educativos, económicos y psicológicos.

Es importante realizar estudios en los que se documente el efecto de las políticas públicas que buscan limitar la disponibilidad de este tipo de sustancias en forma sistemática, para conocer el alcance de las mismas.

Se debe continuar con la investigación epidemiológica del tema, de manera que se identifique la aparición de nuevos solventes de abuso, formas de uso, factores de riesgo y, sobre todo, los factores protectores que permitan fortalecer programas preventivos para combatir el problema

Conclusión

El consumo de los inhalables es un problema de salud bastante importante, principalmente los adolescentes, que es una población vulnerable, por el uso experimental que están teniendo, independientemente del estatus socioeconómico.

Desde esta etapa de inicio se tiene que intervenir fuertemente y promover el desarrollo de habilidades que permitan a los adolescentes experimentadores acudan a atención y evitar el desarrollo de patrones de abuso y dependencia a dicha sustancia, informarle del daño ocasionado en el organismo, secundario a consumo de sustancias a través de pláticas y talleres, generando redes de apoyo para promover conductas protectoras, a través de los padres de familia, desarrollando actividades recreativas para fomentar el hábito de un proyecto de vida saludable.

Orientar a los padres de familia sobre los factores de riesgo que indicen a los jóvenes al consumo de inhalables, identificando los factores detonantes que proporcionan el consumo y desarrollar un pensamiento crítico en los adolescentes.

Referencias

National Institute on Drug Abuse (2011). Abuso de inhalantes. Disponible en https://www.drugabuse.gov/es/publicaciones/serie-de-reportes/abuso-de-inhalantes/nota-de-la-directora

Balster, R.L., Cruz S.L., Matthew O. Howard M.O., Dell C. A. & Cottler L.B. (2009). Classification of abused inhalants. Addiction. 104(6), 878-882.

Moreta-Herrera, R., Mayorga-Lascano, M., León-Tamayo, L.& Ilaja-Verdesoto, B. (2018). Consumo de sustancias legales, ilegales y fármacos en adolescentes y factores de riesgo asociados a la exposición reciente. Health and Addictions, 18 (1), 39-50

Martínez V.N.A., Sánchez H.G., Vázquez Pérez, L., Tiburcio Sainz, M.A. (2016).

Las aportaciones de 40 años de investigación epidemiológica en México sobre consumo de solventes inhalables. Salud Mental, 39(2),85-97

Centros de Integración Juvenil (2011). La regulación de psicoactivos volátiles (inhalables) en México. Disponible en http://www.biblioteca.cij.gob.mx/Archivos/Materiales_de_consulta/Drogas_de_Abuso/Articulos/MARTÍNEZ%20RESÉNDIZ,%20S._La%20regulación%20de%20psicoactivos%20volátile.pdf

Comisión Interamericana para el Control del Abuso de Drogas (2015). Informe del uso de drogas en las Américas. Disponible en: http://www.cicad.oas.org/apps/Document.aspx?Id=3209

ACTIVOS PARA LA SALUD: INTERNET Y E-SALUD FRENTE AL USO Y ABUSO DE DROGAS Y OTROS ADICTIVOS

Marta Lima-Serrano
Departamento de Enfermería.
Universidad de Sevilla.
mlima@us.es

Introducción

Quisiera enmarcar esta presentación dentro del trabajo que llevamos a cabo desde el Departamento de Enfermería de la Universidad de Sevilla, concretamente, desde el grupo PAIDI CTS-969 "Innovación y Cuidados y Determinantes Sociales en Salud", del cual soy responsable, en el cual llevamos a cabo una línea de investigación sobre jóvenes, vulnerabilidad y activos para la salud, en el marco de dos proyectos de investigación, financiados por la Consejería de Salud de la Junta de Andalucía, los proyectos:

- Alcohol alert: adatación transcultural, validación y evaluación del programa de prevención selectiva del consumo episódico abusivo de alcohol en adolescentes: web-based computer-tailored intervention (PI-0031-2014)

- Activos para la salud positiva en la adolescencia: Intervención Familiar Basada en Nuevas Tecnologías- Web para la Prevención del Consumo Episódico Excesivo de Alcohol (PI-0012-2017).

Las tecnologías de la información y comunicación (TIC) se convierten en objetos cotidianos, casi imprescindibles, cada vez desde edades más tempranas. Así, en el año 2017, observamos que casi la totalidad de los menores de 10 a 15 años usan ordenador, internet y 7 de cada 10 tienen teléfono móvil (Encuesta sobre Equipamiento y Uso de Tecnologías de Información y Comunicación en los Hogares, 2017). Al uso de las TICs, se le atribuyen una serie de ventajas, tales como el acceso a la información, generación de conocimientos, conectividad, pero también una serie de desventajas, destacando, entre otras, el riesgo de adicción que puede suponer un mal uso de las mismas. En los adolescentes, si nos fijamos en los datos apartados por documentos como la Estrategia Nacional sobre Adicciones, 2017-2024, o la Encuesta ESTUDES (2016), destacamos los siguientes datos:

- Repunte en los juegos de azar online.
- En España, 21% estudiantes de 14 a 18 años hacen un uso compulsivo de internet.
- Dentro de esta población suele incrementarse el fracaso escolar y es más frecuente el consumo de drogas.

En este momento, me gustaría destacar el Modelo de Activos para la Salud, el cual se basa en el Modelo Salutogénico propuesto por Antonovsky, de tal forma que cuando hablamos de activos nos referimos a "Cualquier factor o recursos, que potencia las habilidades de individuos, comunidades y poblaciones, con el objetivo de mantener y sostener la salud y el bienestar y reducir las desigualdades en salud". Estos activos pueden operar al nivel del individuo familia o comunidad y población como factores promotores o protectores, amortiguado los eventos vitales estresantes" (Morgan y Ziglio, 2007). Este modelo ha sido destacado por la Estrategia de Promoción de la Salud y Prevención del Sistema Nacional de Salud, o aquí en Andalucía, por el III Plan Andaluz sobre Drogas y Adicciones.

Las TICs podrían convertirse en un activo para la salud, concretamente, la E-Salud, que según la Asociación de Investigadores en E-Salud podría definirse como la aplicación de las TICs en todos aquellos aspectos que afecten al cuidado de la salud. Las TICs aplicadas a la salud (eSalud) permiten proporcionar la mejor asistencia sanitaria posible con menor coste. En la figura 1 se resumen algunas ventajas e inconvenientes de la E-Salud

Ventajas	Inconvenientes
Accesibilidad	Brecha tecnológica que genera exclusión social
Amigabilidad	Dependencia tecnológica
Menor coste	Necesidad de una alfabetización digital
Menor compromiso recursos	Problemas de acceso a la información (infraestructura, libre acceso)
Herramientas de análisis	
Seguridad	
Pueden ayudar a personalizar el diagnóstico	Exceso muchas veces de información en la red
Ayuda a la toma de decisiones	Problemas de acceso a la intimidad y confidencialidad, accesos no autorizados
	Limites de la virtualidad frente a la presencialidad

Figura 1. Ventajas e inconvenientes de la E-salud.

Una estrategia utilizada en E-salud consiste en las intervenciones a "a medida" basadas en la web, o como se llaman en la literatura internacional "web based computer tailoring interventions". Esta estrategia utiliza la web como estrategia para dar un consejo o asesoramiento personalizado, después de un diagnóstico inicial de necesidades e identificación de áreas de mejora (figura 2). Revisiones sistemáticas, como la desarrolladas por Krebs, Prochaska y Rossi (2010), resaltan la efectividad de este tipo de estrategias, para promover el cambio de comportamientos de salud.

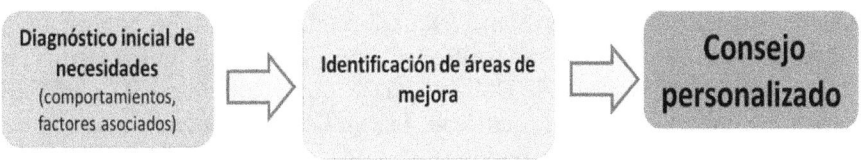

Figura 2. Intervenciones "a medida" basadas en la web ("web based computer tailoring interventions").

Dentro de esta corriente, también nos gustaría destacar los juegos de salud o "serious games", que, mediante técnicas de gamificación, trasladan la dinámica de los juegos al ámbito de la educación sanitaria o comunicación para la salud, con el objetivo de mejorar los conocimientos, actitudes y comportamientos de salud (Lau, Smit, Fleming y Riper, 2017).

Desarrollo

Se han desarrollado a partir de dos proyectos de investigación, de los cuales soy investigadora principal, el primero se durante los años 2015-2017 y el segundo está previsto para el periodo 2018-2020 y el objetivo general sería determinar la efectividad y costo-efectividad de los programas ALERTA ALCOHOL (http://institucional.us.es/alertalcohol) y ALERTA ALCOHOL EN FAMILIA (http://institucional.us.es/alcoholalerta) sobre el consumo de alcohol por atracón en adolescentes andaluces de 16 a 18 años. Más información se puede consultar en las páginas web del proyecto (figura 3).

Figura 3. Acceso a ALERTA ALCOHOL y ALERTA ALCOHOL EN FAMILIA

En el primer proyecto, se puso a prueba ALERTA ALCOHOL, la cual se llevó a cabo en Institutos de Enseñanza Secundaria de las capitales de provincia de Andalucía, durante el curso 2016-2017, en adolescentes matriculados en 4º de Educación Secundaria Obligatoria, 1º de bachillerato y 1º curso de ciclos formativos de grado medio, en las que contamos con un grupo de control y un grupo de intervención.

Esta intervención se basó en un programa desarrollado en Holanda, Alcohol Alert (Jander et al 2016), con el mismo objetivo, el cuál adaptamos a nuestro contexto socio-cultural por medio de metodologías cuali-cuantitativas (grupos focales, grupo Delphi, estudio piloto). La intervención utiliza como marco teórico de referencia el Modelo I-Change.

A continuación, se resumen las sesiones implementadas durante dicho curso. En la primera sesión se administró un cuestionario con datos demográficos, cuestiones sobre el consumo de alcohol y consumo de alcohol por atracón (consumo de 4 vasos o más en chicas y 5 vasos o más en chicos en una sola ocasión), así como sobre las variables principales del modelo I-Change. Este cuestionario tiene un doble objetivo, la evaluación de la intervención mediante este pretest y un postest a los cuatro meses de la intervención por medio de un ensayo clínico comunitario, y el diagnóstico inicial de las necesidades de los participantes y necesidades de mejora, que serán abordadas en las sesiones 2, 3, 4 y 5, como se refleja en la figura 4. Durante el desarrollo del programa, 4 sesiones se han desarrollado en la escuela, desde los ordenadores del centro, y dos en el domicilio del participante, El Reto y la evaluación del Reto. En estas últimas, se realizó una invitación por email a los participantes a asumir el reto de evitar el consumo de alcohol en un evento próximo de riesgo, con la intención de ayudar a aquellos que se encuentran en estado de preparación, a pasar a la acción. Al día siguiente, se les vuelve a enviar un email en el que se realiza una evaluación de la consecución del Reto.

	Sesión 1	Cuestionario inicial (Pretest)			
Escuela	Sesión 2	Escenario 1: En casa	Conocimientos y riesgos	Actitud: Pros y contras del BD	Autoeficacia y planes de acción
	Sesión 3	Escenario 2: Celebraciones	Autoestima	Influencia Social: Modelo Social	Autoeficacia y planes de acción
		Escenario 3: Espacios públicos	Influencia Social: Norma Social	Influencia Social: Presión Social	Autoeficacia y planes de acción
Domicilio	Sesión 4	Sesión de recordatorio (Booster session): El RETO			
	Sesión 5	Evaluación del RETO			
Escuela	Sesión 6	Cuestionario Final (Posttest)			

Figura 4. Estructura de las sesiones ALERTA ALCOHOL

Para motivar, a los adolescentes participantes, se utilizan estrategias de gamificación. A continuación, entre las que destacan historias adaptadas a la jerga adolescente, personalización de los consejos se utiliza el sexo, nombre de pila y un refuerzo positivo, negativo o neutro, dependiendo de las respuestas del participante, avatares, el participante elige uno y le acompaña durante el desarrollo de la intervención (figura 5). Se da la oportunidad al participante de diseñar sus propios planes de acción para enfrentar situaciones de riesgo para el consumo de alcohol/consumo de alcohol por atracón.

Figura 5. Avatares/personajes en el programa ALERTA ALCOHOL

En el segundo proyecto, además de la intervención ALERTA ALCOHOL, se pone en marcha la intervención ALERTA ALCOHOL EN FAMILIA, esta última dirigida a los progenitores de los/las adolescentes participantes, que tiene un doble objetivo: que los padres conozcan las características, consecuencia y motivos asociados al consumo de alcohol y consumo de alcohol por atracón en adolescentes, y que los progenitores puedan desarrollar un estilo de crianza positivo, para ello se toma como referencia el modelo sobre estilos parentales positivos, desarrollado por Oliva, Parra, Sánchez y López (2007) (figura 6). La intervención, está prevista para su desarrollo desde el domicilio de los participantes, previa invitación desde el centro escolar y el equipo de investigación a participar en la misma.

Bloque 1: Acerca del consumo de alcohol y consumo de alcohol por atracón en adolescentes	Características del consumo de alcohol/consumo de alcohol por atracón
	Peligros asociados
	Actitudes: pros y contras
	Influencia social: modelo, norma y presión social del entorno cercano/hábitos propios
	Autoeficacia y planes de acción
Bloque 2: En familia previniendo el consumo de alcohol	Afecto/comunicación
	Autorrevelación
	Humor
	Control comportamental y psicológico
	Promoción de la independencia y autonomía personal

Figura 6. Estructura del programa ALERTA ALCOHOL EN FAMILIA

Resultados

A continuación, se muestran resultados preliminares del proyecto "Alcohol alert: adaptación transcultural, validación y evaluación del programa de prevención selectiva del consumo episódico abusivo de alcohol en adolescentes: web-based computer-tailored intervention" participaron en la evaluación inicial 1247 adolescentes. A continuación, se muestra en número de participantes según el IES, grupo y la ciudad de procedencia (figura 7):

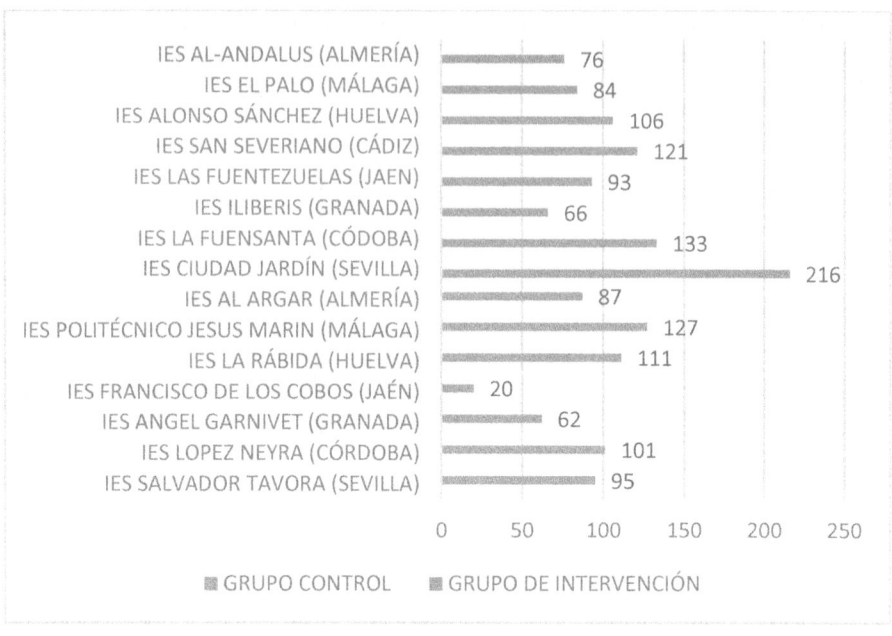

Figura 7. Número de participantes por centro de procedencia y según la pertenencia a grupo control y de intervención.

En la primera sesión participaron 1247 alumnos/as, 742 pertenecían al grupo de intervención, y 505 pertenecían al grupo de control. En las tablas 3 y 4 se indica el grado de participación del grupo de intervención y control, las sesiones en las que hubo menos participación fueron las realizadas en los domicilios, pensamos que también por cuestiones técnicas, ya que en algunas ocasiones los emails llegaron como *spams*. La tasa de respuesta general fue del 52%, en línea con otras intervenciones realizadas mediante ordenador.

Tabla 3. Grado de participación del grupo intervención en el programa Alerta Alcohol

	Sesión 1 completada	Sesión 2 completada	Sesión 3 completada	Sesión 4 completada*	Sesión 5 completada*	Sesión 6 completada
Participantes	739 (96,6%)	460 (61,9%)	350 (47,17%)	23 (0,03%)	8 (0,01%)	348 (46,9%)

* Las sesiones 4 y 5 se realizan en el domicilio del participante

Tabla 4. Grado de participación del grupo control en el programa Alerta Alcohol

	Sesión 1 completada	Sesión 6 completada
Participantes	505 (100%)	261 (57,1%)

La variable principal de la investigación, que se refería al consumo de alcohol por atracón, definido como el consumo de más de 4 vasos de alcohol en chicas y más de 5 vasos de alcohol en chicos en una sola ocasión, **se redujo en ambos grupos**, grupo de intervención y grupo de control, si bien **la diferencia solamente fue significativa en el grupo de intervención**, es decir, en aquellos participantes que recibieron la intervención educativa. En el grupo de intervención este patrón de consumo se redujo un 7,7% mientras que en el grupo intervención un 4,4% (figura 1). Sin embargo, al controlar el análisis por otras variables en los modelos multivariantes, efecto perdió su significación estadística.

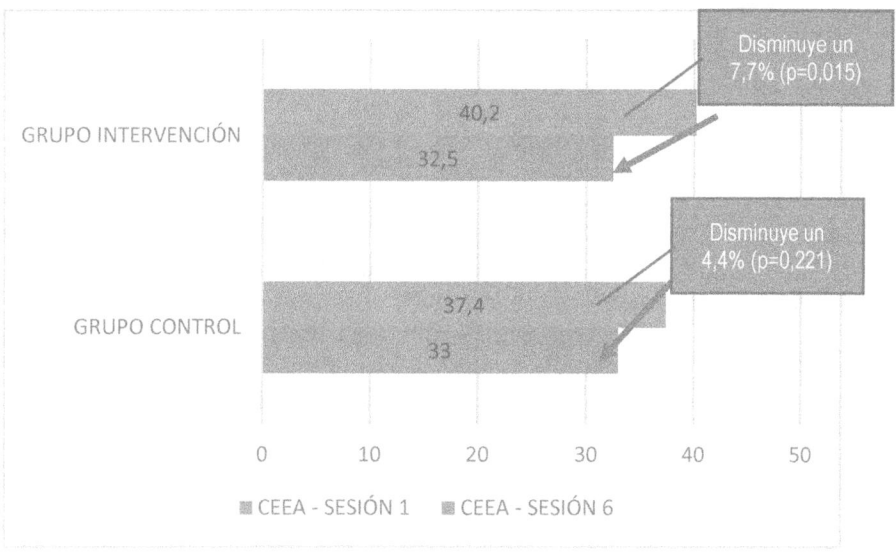

Figura 8. Consumo de alcohol por atracón en el grupo intervención y grupo control en la primera y última sesión

También se encontró un efecto sobre el Consumo excesivo de alcohol la semana previa (10 o más vasos en una ocasión). Este patrón de consumo aumento en el grupo de control mientras que se redujo en el grupo de intervención. Sin embargo, en ambos casos fue un modo de consumo muy poco frecuente y la diferencia no llego a ser significativa en ninguno de los casos.

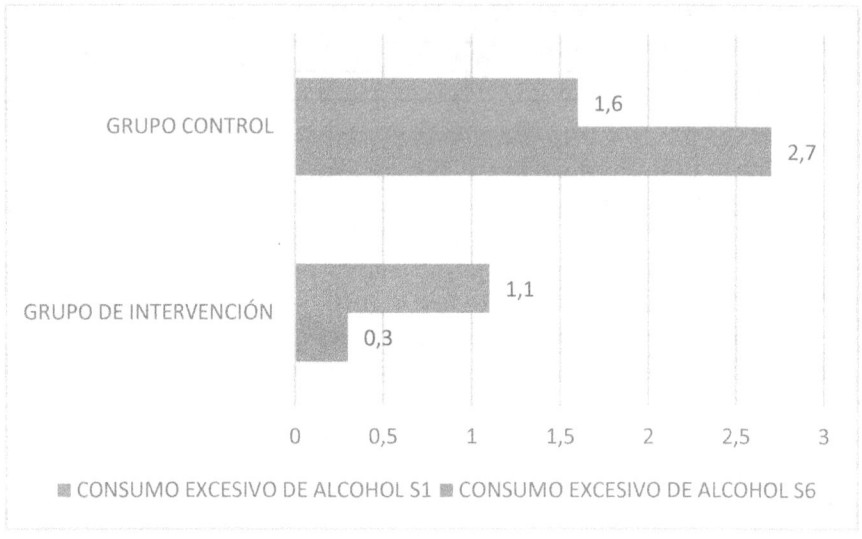

Figura 9. Porcentaje del consumo excesivo de alcohol en la primera y última sesión en ambos grupos

Respecto a otras variables secundarias, se ha encontrado un efecto ajustado del programa sobre la intención de reducir el consumo de alcohol por atracón (p=.042), el programa interaccionó con la religión de los participantes, de tal forma, que la intención de reducir el consumo de alcohol mejoró en católicos, pero no para musulmanes (p=.026). Finalmente, fue significativa la interacción entre la intervención y la reducción del consumo de alcohol por atracón, de tal forma que mejoró el índice de Calidad de Vida (EuroQol-5D-FL), de tal forma que, en los participantes en la intervención, a medida que reduce el número de ocasiones de BD, aumenta el índice de calidad de vida EQ-5D-5L una media del 0.009 (rango 0 a 1) siendo estadísticamente significativo (p<0.05).

Respecto al grado de satisfacción general con el programa ALERTA ALCOHOL, 7 de cada 10 participantes indicaron estar bastante o muy satisfechos, 5 de cada 10 participantes indicaron a que lo volverían a utilizar y casi 7 de cada 10, recomendarían la intervención a otras personas (figura 10).

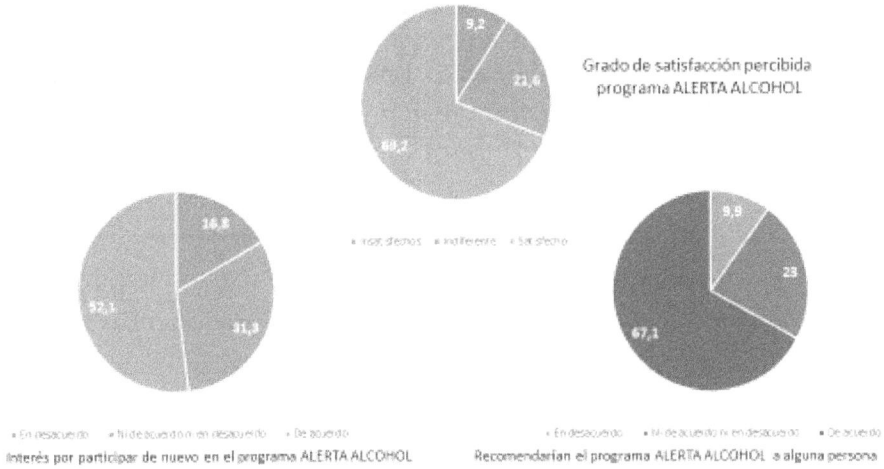

Figura 10. Evaluación de proceso ALERTA ALCOHOL

Conclusión

Me gustaría concluir compartiendo con ustedes algunos retos.

El primer reto, se orienta a la mejora de la accesibilidad de la intervención, tanto desde el centro como desde el domicilio, ya que en los centros nos hemos encontrado con muchas limitaciones en la infraestructura y mantenimiento de los ordenadores y servicios TICs, lo que dificulta la realización de la intervención en los mismos, disminuyendo la adherencia a ALERTA ALCOHOL. En los domicilios, nos encontramos con que algunos participantes no tienen acceso a ordenador, o bien tienen otras actividades/inquietudes que llevan a prestar poca atención al desarrollo de la intervención. Una posible línea de mejora podría ser introducir la tecnología móvil a nuestra intervención, que puede resultar más accesible en nuestro contexto (m-health). A esto se le une otro reto, que es mejorar el interés de los participantes a la intervención, para ello nos planteamos mejorar la amabilidad y la jugabilidad, mediante nuevas estrategias basadas en la gamificación, tales como el uso de videos o sistemas de puntuaciones y premios (cartas, medallas, insignias).

Otro reto es la implicación de los profesionales, adolescentes, familias, ya que, a menudo, nos encontramos con una falta de interés por este tipo de programas, esto podría estar relacionado con una saturación de tareas y/o contenidos escolares y extraescolares, y con una baja percepción de la importancia del desarrollo de estrategias de prevención.

Finalmente, un último reto, y no menos importante, es la diseminación de la intervención, si se muestra efectiva, a otros centros escolares a los participantes en estos primeros proyectos. Para ello, es fundamental el contacto y comunicación con las personas interesadas, para generar estrategias que permitan la difusión de estos programas de promoción de la salud.

Referencias

III Plan Andaluz sobre Drogas y Adicciones. Recuperado de:

https://www.juntadeandalucia.es/servicios/publicaciones/detalle/78114.html

Asociación de Investigadores en E-Salud. Recuperado de: http://aiesalud.com/

Encuesta sobre Equipamiento y Uso de Tecnologías de Información y Comunicación en los Hogares (2017) Recuperado de: https://www.ine.es/prensa/tich_2017.pdf

Encuesta sobre Uso de Drogas en Enseñanzas Secundarias en España (ESTUDES). 2016. Recuperado de: http://www.pnsd.mscbs.gob.es/profesionales/sistemasInformacion/sistemaInformacion/pdf/ESTUDES_2016_Informe.pdf

Estrategia de Promoción de la Salud y Prevención del Sistema Nacional de Salud. Recuperado de: https://www.mscbs.gob.es/profesionales/saludPublica/prevPromocion/Estrategia/estrategiaPromocionyPrevencion.htm

Estrategia Nacional sobre Adicciones (2017-2024). Recuperado de: http://www.pnsd.mscbs.gob.es/pnsd/estrategiaNacional/docs/180209_ESTRATEGIA_N.ADICCIONES_2017-2024__aprobada_CM.pdf

Jander, A., Crutzen, R., Mercken, L., Candel, M. y de Vries, H. (2016). Effects of a Web-based computer-tailored game to reduce binge drinking among Dutch adolescents: a cluster randomized controlled trial. *Journal of Medical Internet Research*, 18(2), e29. doi: 10.2196/jmir.4708

Krebs, P., Prochaska, J.O. y Rossi, J.S. (2010). A meta-analysis of computer-tailored interventions for health behavior change. *Preventive Medicine*, 51(3-4), 214-21. doi: 10.1016/j.ypmed.2010.06.004.

Lau, H. M., Smit, J. H., Fleming, TM y Riper, H. (2017). Serious Games for Mental Health: Are They Accessible, Feasible, and Effective? A Systematic Review and Meta-analysis. *Frontiers in Psychiatry*, 18, 7:209. doi: 10.3389/fpsyt.2016.00209.

Morgan, A. y Ziglio, E. (2007). Revitalising the evidence base for public health: an assets model. *Promotion & Education*, Suppl 2,17-22.

Oliva Delgado, A., Parra Jiménez, A., Sánchez Queija, I. y López Gaviño, F. (2007). Estilos educativos materno y paterno: Evaluación y relación con el ajuste adolescente *Anales de Psicología*, 23 (1). 49-56.

Sánchez Pardo, L., Crespo Herrador, G., Aguilar Moya, R., Bueno Cañigral, F. J., Benavent, R. A. y Valderrama Zurián, J. C. (2015). [e-Book] Los adolescentes y las tecnologías de la información y la comunicación (TIC). Guía para padres. Ayudándoles a evitar riesgos. Valencia, Ayuntamiento de Valencia, 2015.

COMUNICACIONES

PREMIO A LA MEJOR COMUNICACIÓN

METODOLOGÍA DE CAPTACIÓN DE JÓVENES CON ALTA VULNERABILIDAD HACIA EL CONSUMO DE SUSTANCIAS ADICTIVAS DESDE EL MOVIMIENTO ASOCIATIVO DE SEVILLA

Rocío Illanes Segura
Técnica de la federación provincial de drogodependencias liberación. Dpto. T^a e H^a de la Educación y Pedagogía Social. Universidad de Sevilla.
roc_illanes@yahoo.es

Resumen

Para poder realizar una labor preventiva frente al consumo problemático de sustancias adictivas es necesario establecer canales de acercamiento con el colectivo juvenil en situación de vulnerabilidad o riesgo social. Para ello, desde las asociaciones de prevención de drogodependencias se planifican actuaciones de sensibilización y captación en los espacios de ocio y de encuentro juvenil: la calle y el medio abierto.

Objetivos

- Conocer la metodología de captación de jóvenes utilizada en las asociaciones de prevención de adicciones en la provincia de Sevilla
- Valorar las diferencias entre el ámbito rural y el urbano aplicando la misma metodología de captación.

Metodología

Este estudio se enmarca dentro de una investigación cualitativa más amplia sobre participación juvenil como factor de protección ante el consumo problemático de drogas que se llevó a cabo entre 2013 y 2016. Se profundizó el estudio de dos casos de la provincia de Sevilla, uno ubicado en la zona periférica de la ciudad y otro en el ámbito rural del aljarafe sevillano. En ambos se entrevistó a un grupo de jóvenes en situación de vulnerabilidad participantes en asociaciones de prevención de adicciones. La muestra son 19 jóvenes (13- 24 años) y 2 educadoras.

Resultados

Entre los resultados obtenidos de las entrevistas queda corroborada la importancia de acudir a los espacios de calle donde los/as jóvenes se reúnen planificando las intervenciones a realizar con ellos/as. El 73.2% de los/as jóvenes entrevistados reconoce la figura del/a educador/a de calle como adulto formado en el que confiar y a quien consultar.

Conclusiones:

1. La educación de calle es una metodología adecuada para la captación de jóvenes en riesgo cuyo éxito radica en las competencias y habilidades del/a educador/a.
2. Las diferencias encontradas entre el ámbito rural y urbano están relacionadas con el tiempo dedicado a la captación, no a la ubicación de la intervención.

Palabras claves:

Adolescente; conducta de reducción del riesgo; reducción del daño; vulnerabilidad social.

ADAPTACIÓN CULTURAL Y EVALUACIÓN DE UN PROGRAMA BASADO EN LA WEB PARA LA PREVENCIÓN DEL BINGE-DRINKING EN ADOLESCENTES

José Manuel Martínez-Montilla
Sara Amo-Cano
Ana Magdalena Vargas-Martínez
María Parra-Gallego, Andrea García-García
Marta Lima-Serrano
Departamento de Enfermería. Universidad de Sevilla.
josmarmon3@alum.us.es

Resumen

Introducción

El Binge-drinking (BD), definido como el consumo de 5 o más vasos estándar de alcohol para hombres y 4 o más para mujeres, en un periodo corto de tiempo, es un problema de salud pública de gran magnitud. El programa ALERTA ALCOHOL, basado en la web, fue adaptado de un programa previo desarrollado en Holanda.

Objetivos

Evaluar la adaptación cultural y viabilidad del programa ALERTA ALCOHOL, para la prevención del BD en adolescentes de 16 a 18 años.

Metodología

La primera versión en español fue evaluada a través de un Panel Delphi. Posteriormente, se llevó a cabo un estudio piloto para evaluar la viabilidad del programa, en el que se inscribieron 187 estudiantes de secundaria de 16 a 18 años, entre noviembre y diciembre de 2016, en Sevilla, España. Evaluamos la adaptabilidad, viabilidad y satisfacción con el programa, utilizando un cuestionario Likert autoadministrado.

Resultados

101 de los participantes eran varones, con una media de edad de 16.81 años y DE = 2.66. El 69.8% encontró que las diferentes sesiones del programa eran comprensibles, pero el 47.1% descubrió que eran largas. El 64.4% encontró que los mensajes de e-salud eran fiables, 63.6% eran interesantes. Al 57.3% le gustó el diseño, al 39.1%, lo usaría nuevamente, al 55.1% recomendaría el programa y al 57.8% estaba satisfecho o muy satisfecho con el programa. Se realizarán análisis más profundos comparando aquellos que están satisfechos con el programa con aquellos que los están menos, y comparado a los adolescentes con alto y bajo consumo de alcohol.

Conclusiones

Con este estudio se pretende adaptar el programa ALERTA ALCOHOL al contexto español, y en la siguiente fase, realizar la implementación del programa CRTC, para reducir el BD entre los adolescentes, siendo primer programa basado en la web, adaptado a las necesidades de los participantes en España.

Palabras claves

adolescencia, consumo de alcohol, binge-drinking, modelo I-Change, web-based interventions, computer-tailoring.

ADICCIÓN AL EJERCICIO: UN NUEVO TIPO DE DEPENDENCIA

Rocío Cáceres Matos
Sara Díaz Castro
Departamento de Enfermería. Universidad de Sevilla.
rcaceres3@us.es

RESUMEN

Introducción

El ejercicio físico produce efectos beneficiosos para la salud física y mental, mejorando la sensación de bienestar y estado de ánimo. Las personas que se ejercitan de manera regular tienden a tener niveles más altos de salud y menos estrés. Otros beneficios son el alivio de la ansiedad, efectos antidepresivos, aumento de la autoestima, autoeficacia y regulación emocional. Sin embargo, en ocasiones, puede generar dependencia psicológica ocasionando deterioro del estado físico y mental.

Objetivo

Describir las características de las personas que presentan dependencia al ejercicio físico o al deporte.

Metodología

Se realizó una revisión bibliográfica en bases de datos internacionales (Cinahl, WOS y Scopus) durante los años 2013-2018.

Resultados

Se revisaron los títulos y resúmenes de 382 artículos y finalmente se incluyeron 7 estudios. Los hombres y los grupos más jóvenes presentan mayor dependencia al ejercicio. Otros estudios han encontrado que no hay asociación entre la dependencia al ejercicio y el nivel de educación, estabilidad familiar, salud y uso de medicamentos. Sin embargo, se encontró un grado de dependencia asociado al estado civil y problemas con la ley. Las personas con dismorfia corporal y alto Indíce de Masa Corporal pueden padecer un grado de dependencia al ejercicio más alto.

Conclusión

La dependencia al ejercicio es un tipo de adicción que va en aumento, y que por el momento ha sido poco estudiado.

Palabras claves

Ejercicio físico, Adicción, Salud, Enfermería

CONSECUENCIAS DEL USO DE DROGAS ILEGALES EN EL FETO Y RECIÉN NACIDO

Maria González Cano Caballero
Bibiana Pérez Ardanaz
Mª Dolores Cano Caballero Gálvez
Profesora sustituta. Departamento de Enfermería.
Universidad de Sevilla.
mgonzalez79@us.es

Resumen

Introducción

La drogadicción se puede considerar un problema de salud pública. Aproximadamente la mitad de las mujeres que consumen drogas se encuentran en edad de concebir. El uso de drogas ilegales durante el embarazo tiene consecuencias tanto para la madre como para el feto y recién nacido. El feto es potencialmente vulnerable ya que afecta no solo a su desarrollo físico sino también al neurológico y aumenta el riesgo de muerte fetal.

Objetivo

Conocer los efectos del uso de drogas ilegales en el feto y el recién nacido

Metodología

Búsqueda bibliográfica en las bases de datos Pubmed, Cinahl y Scopus. Se usaron los DeCS "substance-related disorders", "newborn" y "fetus" junto con el operador booleano AND. La búsqueda se ha limitado a los últimos 5 años. Se han usado 6 artículos.

Resultado

- Opio y derivados: bajo peso al nacer, aspiración de meconio (por hipoxia), síndrome de abstinencia, aumento del síndrome de muerte súbita, prematuridad y microcefalia.
- Cocaína: aumento de la frecuencia cardiaca llegando a producir hipoxia y acidosis, malformaciones (cardiaca, genitourinaria, digestiva, motora y ósea), mayor riesgo de infarto cerebral y convulsiones.
- Anfetaminas: crecimiento intrauterino restringido y síndrome de abstinencia.
- Cannabis: bajo peso al nacer, parto prematuro, malformaciones congénitas (gastrosquisis) y meconio intraparto.
- Alucinogenos: esta menos estudiada, pero parece que produce en el feto aberraciones cromosómicas y malformaciones congénitas.

Conclusiones

El uso de drogas ilegales durante el embarazo conlleva un mayor riesgo de desenlace anómalo del mismo. El consumo de drogas lleva a una mayor morbilidad del neonato así como posibles consecuencias a largo plazo. Todo embarazo en el que se detecte consumo debe considerarse de riesgo.

Palabras claves

Abuso de drogas; Embarazo; Feto; Recién nacido.

CONSUMO DE SUSTANCIAS TÓXICAS EN ADOLESCENTES, IMPLICACIÓN DESDE ATENCIÓN PRIMARIA

María Villaverde López Domínguez
María Dolores Puerta Ordóñez
Ana Isabel Herrera Alcalá
villild@hotmail.com

Resumen

Introducción

El consumo de alcohol entre adolescentes es un hecho socialmente aceptado dentro de las creencias de la cultura mediterránea; también el tabaquismo forma parte de las conductas que se han normalizado en la vida cotidiana. Sin embargo, el consumo de sustancias adictivas no se adapta actualmente a la forma de consumo tradicional, sino que adquiere características del denominado modelo anglosajón, sobre todo entre la población adolescente. Estos cambios sitúan el consumo de sustancias tóxicas en la adolescencia como uno de los principales problemas de salud pública en España y necesitan un abordaje multidisciplinario, dada la variedad de causas que influyen en el consumo de alcohol, tabaco y otras drogas entre los jóvenes.

Objetivo

Describir la evolución del consumo de sustancias tóxicas entre los adolescentes tanto en su cantidad como en su patrón de consumo.

Material y Métodos

Se realiza una busqueda bibliografica en las bases de datos Pubmed, Scielo y Cuiden. La búsqueda se restringió a los idiomas de inglés y español.

Con el objetivo de identificar la evidencia científica más reciente, se han seleccionado artículos científicos desde el año 2010 hasta 2018. Encontramos 25 artículos, siguiendo los criterios de inclusión seleccionamos 11 por la afinidad al tema.

Resultados

Los hábitos tóxicos han cambiado en los últimos años en la población general. Varios estudios locales muestran que este cambio no es homogéneo, con importantes diferencias en la población adolescente que pueden llegar a influir en la población general.

Los datos obtenidos muestran un consumo independiente del sexo, a diferencia de la población general. La edad, por el contrario, influye de forma decisiva en los patrones de consumo, un bajo porcentaje de adolescentes con 12-13 años reconoce consumir y hay un incremento significativo a los 14-15 años, edad en la que se pasa de un consumo de prueba a otro ligado a los momentos de ocio. Los adolescentes con 16-17 años presentan un porcentaje muy elevado de consumo de sustancias tóxicas, por encima de la media del grupo estudiado y de la población general, por lo que se convierten en un grupo de especial riesgo.

Conclusiones

Los cambios observados pueden estar influidos por la baja percepción de riesgo ante el consumo de sustancias tóxicas, la accesibilidad para la compra, la trivialización cultural que la sociedad otorga al consumo de sustancias tóxicas entre jóvenes, justificándolo como una forma necesaria de diversión y la presencia de hábitos de consumo en el entorno cercano del adolescente.

Los profesionales de atención primaria deben continuar sumandose a las estrategias sanitarias poblacionales, implicándose en actividades multidisciplinarias con educadores y padres, y actuar tanto en el ámbito escolar como en el familiar.

Palabras claves

Alcohol, adolescentes, sustancias tóxicas, atención primaria

ESTUDIO FIESTA Y DROGAS: RASGOS DE PERSONALIDAD Y CONSUMO DE DROGAS ENTRE ASISTENTES A FESTIVALES DE MÚSICA

Bella María González Ponce
Daniel Dacosta Sánchez
Pilar Cáceres Pachón
Ana María De la Rosa Cáceres
Fermín Fernández Calderón
Universidad de Huelva
psicobelaouyeah@gmail.com

Resumen

Introducción

Los asistentes a contextos recreativos relacionados con la música y el baile se caracterizan por el elevado consumo y poli-consumo de sustancias. Además, las características de estos contextos (largas horas de baile, hacinamiento) se relacionan con una mayor probabilidad de experimentar consecuencias negativas asociadas al consumo de drogas. Numerosos estudios han analizado la relación entre rasgos de personalidad y consumo en adolescentes, encontrando que la impulsividad, búsqueda de sensaciones y desesperanza, se relacionan positivamente con una mayor probabilidad de consumo. Sin embargo, pocos estudios han analizado la relación entre personalidad y consumo de drogas en asistentes a contextos recreativos.

Objetivo

Determinar la relación entre los rasgos de personalidad y el consumo de drogas entre asistentes a festivales de música.

Método

Se administró un cuestionario online a 578 participantes que informaron consumir alguna sustancia en los últimos 12 meses, residir en España, tener nacionalidad española y haber asistido a festivales de música en el último año. La edad media de la muestra fue de 28,13 años (SD=7.31). Se administró la versión española de la Substance Use Risk Profile Scale (SURPS), que evalúa cuatro dimensiones de personalidad: desesperanza, impulsividad, búsqueda de sensaciones y ansiedad.

Resultados

Frente a los no consumidores, quienes informaron consumir las diferentes drogas analizadas mostraron, en general, mayores puntuaciones en los rasgos de personalidad. Quienes consumieron estimulantes y depresores obtuvieron mayor puntuación en impulsividad ($p<.05$). Los consumidores de cannabis y alucinógenos mostraron mayores puntuaciones en búsqueda de sensaciones frente a los no consumidores ($p<.01$).

Conclusiones

Los resultados han mostrado la importancia de la impulsividad y la búsqueda de sensaciones como rasgos de personalidad que se relacionan con el uso de drogas entre asistentes a festivales de música. Los resultados deben ser útiles para el desarrollo de intervenciones preventivas y de reducción de daños entre asistentes a contextos recreativos.

Palabras claves

festivales de música; contextos recreativos; poli-consumo de drogas; rasgos de personalidad.

ESTUDIO HEPÁTICO DEL ESTRÉS OXIDATIVO GENERADO POR EL CONSUMO DE ALCOHOL. EL ÁCIDO FÓLICO COMO TERAPIA

Sánchez de la Campa L.
Nogales F.
Carreras O.
Ojeda ML.
Dpto. Fisiología.
Facultad de Farmacia. Universidad de Sevilla.
olimpia@us.es

Resumen

Introducción

El consumo de alcohol está relacionado con importantes enfermedades hepáticas ocasionadas por el estrés oxidativo que genera esta droga pro-oxidante al metabolizarse.

Objetivos

Analizar los cambios producidos en el balance oxidativo y la función hepática tras el consumo crónico de etanol, y demostrar los posibles efectos beneficiosos de la suplementación con ácido fólico (AF).

Metodología

Se emplearon 24 ratas macho Wistar, distribuidas en 4 grupos: control, alcohol, control fólico y alcohol fólico. Las ratas expuestas al alcohol se sometieron *ad libitum* a la ingesta de etanol (30% v/v en agua de bebida 2 meses). La suplementación con AF en la dieta fue de 8ppm. Se determinó espectrofotométricamente la actividad de las enzimas antioxidantes superóxido dismutasa (SOD), catalasa (CAT), glutatión reductasa (GR) y glutatión peroxidasa (GPx), la presencia de marcadores de oxidación lipídica (MDA), y la ratio AST/ALT como indicador de la función hepática.

Resultados

La actividad de las enzimas antioxidantes GR, GPx y CAT disminuyen tras el consumo de alcohol, mientras que aumenta el MDA y la ratio AST/ALT. El AF restaura la actividad enzimática, así como los parámetros indicadores de lesión tisular.

Conclusiones

El consumo crónico de alcohol, desempeña un papel crucial en el desarrollo de importantes patologías hepáticas, porque genera estrés oxidativo en los hepatocitos, bien i) por su propio metabolismo oxidativo y ii) porque disminuye la actividad de los sistemas antioxidantes endógenos, afectando a la función celular normal. La suplementación de AF, restaura la actividad enzimática del hígado, probablemente por su papel como scavenger, generando un efecto antioxidante y protector sobre éste órgano.

Palabras claves

Ácido fólico; Alcohol; Enzimas antioxidantes; Hígado.

EVALUACIÓN DE LA IMPULSIVIDAD COGNITIVA Y MOTORA EN JÓVENES ESTUDIANTES

Alline Cristina Cavalcante Souza
Ana Sanchez-Kuhn
Margarita Moreno Montoya
Pilar Flores Cubos
Department of Psychology and CIAIMBITAL
University of Almeria (CeiA3)
Almeria, Spain.
allinecavalcante@hotmail.com

Resumen

Introducción

La impulsividad, entendida de manera general como la tendencia a actuar de forma prematura, es un rasgo de personalidad que se ha visto comúnmente asociado a conductas adictivas. Su papel en la adicción no está del todo claro, dada su multidimensionalidad. La impulsividad se puede dividir en: la toma de decisiones (impulsividad cognitiva) y la inhibición de una respuesta (impulsividad motora). Se ha visto la influencia de ambos tipos de impulsividad en el proceso de la adicción, tanto en la adquisición del hábito como en fases posteriores.

Objetivo

Determinar si los dos componentes de la conducta impulsiva son independientes o están relacionados, y si diferentes instrumentos que evalúan la misma dimensión de la impulsividad correlacionan entre sí.

Metodología

Se evaluó 54 estudiantes sanos (18-24 años), usando las tareas Stop Task, Two Choice Task y la Escala de Impulsividad de Barrat. Se calculó la Correlación de Pearson entre todas las variables.

Resultados

Se encontraron correlaciones no significativas entre ambas tareas neuroconductuales. Entre las subescalas motora y cognitiva de Barratt se encontró una correlación positiva significativa. Entre las pruebas neuroconductuales y sus respectivos auto-informes, no se encontraron correlaciones significativas.

Conclusiones

Los resultados indican que las dos dimensiones de la impulsividad son independientes, y que el desempeño en las tareas neuroconductuales no se corresponden con el auto-informe. Por tanto, los dos componentes de la impulsividad necesitan ser evaluados de manera independiente en la práctica clínica. Además se destaca la pertinencia de tener en cuenta ambos tipos de pruebas para evaluar con mayor fiabilidad al paciente, y así realizar intervenciones enfocadas al tipo concreto de impulsividad que necesita trabajarse.

Palabras claves

Escala de impulsividad de Barratt; Impulsividad cognitiva; Impulsividad motora; Stop Task; Two Choice Task.

> This work was supported by the Ministerio de Economía y Competitividad and the Fondo Europeo de Desarrollo Regional (MINECO-FEDER) [Grant numbers: PSI2014- 55785-C2-1-R, PSI2015-70037-R and PSI2017-86847-C2- 1-R MINECO-FEDER

EVOLUCIÓN DE LAS ADICCIONES EN CUANTO AL GÉNERO: REVISIÓN DE LA BIBLIOGRAFÍA

María Parra-Gallego
Ana Magdalena Vargas-Martínez
José Manuel Martínez-Montilla
Andrea García-García
María Isabel Acuña-San Román
Joaquín Salvador Lima-Rodríguez
Departamento de Enfermería. Universidad de Sevilla.
parragallegomaria@gmail.com

Resumen

Introducción

Uno de los problemas de salud pública más relevantes en la adolescencia es el abuso de sustancias, siendo las más frecuentes: alcohol, tabaco, cannabis, hipnosedantes y cocaína. Aunque tradicionalmente este consumo estaba ligado al género masculino en los últimos años se ha ido igualando hasta ser prácticamente el mismo en chicas y chicos.

Objetivo

Analizar la evolución de las adicciones en adolescentes en los últimos cinco años en cuanto al género.

Metodología

Se llevó a cabo una búsqueda bibliográfica en las bases de datos internacionales Pubmed y Scopus. Los criterios de inclusión fueron: publicaciones de los últimos 5 años, castellano e inglés, población diana adolescentes. Se revisaron los últimos informes estadísticos de ESTUDES, HBSC y la Población Andaluza ante las Drogas.

Resultados

La prevalencia de consumo de alcohol en los últimos 12 meses en mujeres de entre 14 y 18 años es mayor que en hombres (76,9% frente al 74,3%), al igual que con el tabaco (36,9% en mujeres frente al 32,6% en hombres). El consumo de cannabis y cocaína sigue siendo mayor en hombres (Cannabis: 28,1% frente al 24,4% en mujeres; cocaína: 3.3% en hombres, 1,6% en mujeres). La utilización de hipnosedantes es el doble en mujeres que en hombres (21,1% en mujeres, 12,9% en hombres).

Conclusiones

Las chicas adolescentes consumen más sustancias legales (alcohol, tabaco e hipnosedantes), mientras que los chicos utilizan más drogas ilegales (cannabis y cocaína).No se observan diferencias estadísticamente significativas en cuanto a la edad de inicio de consumo. Es necesario incluir el género en los programas de prevención y tener en cuenta las motivaciones por las que chicos y chicas recurren al abuso de sustancias.

Palabras Claves

Adolescent; Alcoholism; Gender Identity; Marijuana Smoking; Substance-Related Disorders; Tobacco Use

FACTORES DE RIESGO EN EL CONSUMO DE DROGAS EN LOS ADOLESCENTES

María Dolores Puerta Ordóñez
María Villaverde López Domínguez
Ana Isabel Herrera Alcalá
mari_m.d@hotmail.com

Resumen

Introducción

En la última década han sido muchas las líneas de investigación dirigidas al estudio del consumo de drogas intentando determinar la posible contribución de diferentes factores de riesgo en su consumo.

Objetivo

Determinar los factores de riesgo que influyen en el consumo de drogas en los adolescentes.

Material y Métodos

Para llevar a cabo la revisión de la literatura científica, se ha realizado una búsqueda retrospectiva en las siguientes bases de datos: Pubmed, Scielo y "Cuiden Plus".

La búsqueda se restringió a los idiomas de inglés y español.

Con el objetivo de identificar la evidencia científica más reciente, se han seleccionado artículos científicos desde el año 2010 hasta 2018.Se encontraron 33 artículos que seguían los criterios de inclusión, de los cuales se seleccionaron 10 para la revisión.

Resultados

Los resultados obtenidos sobre el uso de las diferentes drogas, pone de manifiesto nuevamente el hecho de que, en los adolescentes es posible hablar también de un consumo múltiple de sustancias que incrementa la gravedad del fenómeno, especialmente de cara a la prevención, puesto que se trata de una situación en la que el efecto negativo de las mismas se combina incrementando su toxicidad, dificultando las intervenciones en este campo y aumentando las consecuencias a largo plazo tanto sociales como personales y de salud.

Conclusiones

Los factores de riesgo más significativos son: la conducta antisocial, la desinhibición y la depresión (a nivel psicológico). La existencia de conflictos frecuentes entre el adolescente y sus padres, el consumo habitual de alcohol por parte del padre y la existencia de normas explicitas sobre el consumo de drogas, son los factores más importantes a nivel familiar. En relación con el grupo de iguales, son importantes factores de riesgo el hecho de tener amigos consumidores de drogas, salir habitualmente a bares y discotecas y mantener una estrecha vinculación con el grupo.

A nivel escolar: faltar a clase sin motivo justificado y mantener una relación problemática con los profesores del centro de enseñanza.

Palabras claves

Drogas, adolescentes, salud, enfermería

INFLUENCIA DE LA FAMILIA EN EL CONSUMO DE DROGAS

Miriam Alonso-Ruiz
Nerea Jimenez-Picon
Angela Cantero-del-Toro
miriamruiz98@gmail.com

Resumen

Introducción: La familia permite el desarrollo y crecimiento de las personas por lo que puede convertirse en un factor protector o de riesgo ante situaciones externas que influyen directamente sobre el núcleo familiar.

Objetivo

Conocer la influencia de la familia en cuanto a factores protectores o de riesgo que provocan cambios en el consumo de drogas.

Metodología

Revisión bibliográfica en bases de datos PubMed, CINAHL, SCOPUS, PsycINFO y Scielo y búsqueda secundaria en revistas contenidas en Elsevier. Las palabras clave fueron: family [DeCS], protective factors [DeCS], risk factors [DeCS], designer drugs [DeCS], drug users [DeCS] y street drugs [DeCS]. La estrategia de búsqueda: famil* AND ("risk factors" OR "protective factors") AND ("street drugs" OR "designer drugs" OR "drug users"). Criterios de inclusión: publicación en los últimos 10 años e idioma inglés y/o español. De 775 registros, tras eliminar duplicados, en base a título, resumen y texto completo por no tratar el tema de estudio, se obtuvieron un total de 19 artículos. Búsqueda realizada en abril de 2018.

Resultados

Se hallaron los siguientes factores protectores: apoyo familiar y afecto. Ambos son el pilar fundamental de la persona para evitar y disminuir el consumo de sustancias, siempre y cuando se establezcan en la familia fuertes vínculos, límites y una educación democrática. Se hallaron como factores de riesgo: familias autoritarias, antecedentes familiares de consumo de drogas, conflictos familiares tales como divorcios y/o violencia doméstica, enfermedades y/o una comunicación deficiente entre los miembros de la familia.

Conclusiones

La familia influye en el consumo de drogas. Por ello debe otorgársele mayor importancia y un papel protagonista en la prevención. Se la ha de implicar en la educación sanitaria para evitar el consumo de drogas o reducirlo en caso de que éste se haya iniciado e instaurado entre algún miembro de la familia.

Palabras clave

family [DeCS]; protective factors [DeCS]; risk factors [DeCS]; designer drugs [DeCS]; drug users [DeCS]; street drugs [DeCS].

INTERVENCIONES ENFERMERAS EN LA REHABILITACIÓN DE DROGODEPENDIENTES

Cantero-del-Toro Ángela; Jiménez-Picón Nerea; Alonso-Ruiz, Miriam
angelacanterodeltoro@gmail.com

Resumen

Introducción: La rehabilitación en drogodependientes es un problema que afecta a gran parte de la población debido al gran número de recaídas que se producen. Enfermería ejerce un papel importante en este proceso siendo una de las fuentes de información y apoyo más relevante.

Objetivo

Conocer las intervenciones enfermeras eficaces en diferentes ámbitos de la rehabilitación de drogodependientes.

Metodología

Revisión de la literatura en Pubmed, Scopus y PsycINFO. Se emplearon los descriptores "consumidores de drogas" [DeCS] y "enfermería" [DeCS] y los términos libres "intervenciones" y "estrategias", mediante la siguiente estrategia de búsqueda: "Drug Users" AND (interventions OR strategies) AND nurs*. Como criterios de inclusión: últimos cinco años e idioma (inglés y español). Del total de registros (N=61) se seleccionaron finalmente 10 artículos. La búsqueda se realizó en abril de 2018.

Resultados

Enfermería interviene en el programa de mantenimiento de la metadona con actividades tales como: individualización de la información y continuidad de cuidados que ofrece mayor estabilidad al programa, mayor satisfacción de la atención, calidad de vida y aumento de la adherencia terapéutica. A nivel comunitario, enfermería realiza entrevistas en profundidad y grupos focales para conocer la forma de vida de los drogodependientes y administra metanfetamina a dosis bajas. Finalmente, a nivel hospitalario y de atención primaria se realizan entrevistas cualitativas, servicios supervisados de consumo de drogas o tratamiento asistido con opioides y atención centralizada.

Conclusiones

Esta revisión ha permitido conocer diferentes ámbitos de rehabilitación en drogodependencia, así como intervenciones enfermeras eficaces en la recuperación mental, emocional y social del consumidor de drogas. Es necesaria una correcta realización del protocolo de tratamiento, así como una formación especializada sobre adicciones.

Palabras claves

Atención de enfermería [DeCS], Consumidores de drogas [DeCS]; Rehabilitación [DeCS].

LA ADICCIÓN AL JUEGO. REFERENTES CLAVES PARA LOS PROCESOS DE INTERVENCIÓN PSICOSOCIAL

Pilar Blanco Miguel
Yolanda Borrego Alés
Profesoras Colaboradora del área de Trabajo Social y Servicios Sociales. Universidad de Huelva.
pblanco@uhu.es

Resumen

Introducción

¿Es posible dejar de jugar? Esta es una pregunta que cada día se hacen muchas personas cuando su situación de juego les pone entre la espada y la pared, haciéndoles pensar si existe una salida real a su problema. En la actualidad, las posibilidades de tratamiento y prevención del juego patológico son claras y patentes, aunque debemos de tener en cuenta tres cuestiones básicas: la necesidad de hacer una correcta identificación del problema, una consideración profesional del caso y su remisión a los dispositivos especializados para su tratamiento.

Objetivos

Identificar las situaciones en las que un adicto o adicta al juego es capaz de plantearse dejar de jugar y por tanto iniciar el proceso de rehabilitación. Conocer qué implicaciones tiene esa decisión a nivel individual y familiar y que vienen a determinar el proceso de rehabilitación.

Metodología

Se ha optado por una perspectiva metodológica que se sirva de estrategias que permitan conocer el fenómeno de la adicción al juego de mano de los propios afectados. De entre las técnicas posibles, se ha optado por la Historia de Vida y la Entrevista en Profundidad.

Resultados

De manera general hemos avistado que, tarde o temprano, el/la ludópata se ve obligado/a tener que confesar la adicción a su familia, ya que su situación de juego se hace insostenible. De igual modo, hemos podido ver que, afrontar el problema debe ir más allá del loable propósito de encararlo de forma individual, ya que esto no suele funcionar, y que es necesario, tanto la ayuda familiar, como la profesional para poder llevar a cabo el proceso de rehabilitación con una cierta garantía de poder superar la adicción.

Conclusiones

Es fácil advertir que para dejar de jugar tienen que operarse un gran cambio en el pensamiento del ludópata, es decir, tomarse en serio el querer dejar de jugar y partir de ahí solicitar la colaboración de los profesionales (entre ellos el Trabajador Social); ayuda que debe ser complementada con el apoyo familiar, quedando ambos determinados como los principales factores a tener en cuanta en los procesos de recuperación.

Palabras claves

Adicción, Juego, Salud, Trabajo Social

MODELO, NORMA Y PRESIÓN SOCIAL: INFLUENCIA DE LOS PARES EN EL CONSUMO DE CANNABIS EN ADOLESCENTES

Ángela de Castro Fernández
Mª Carmen Barrera Villalba
Alejandra Villa Jaime
Mª Carmen Moreno Castro, Marta Lima Serrano
Mª Carmen Torrejón Guirado
Departamento de Enfermería. Universidad de Sevilla.
angeladecastro.96@gmail.com

Resumen

Introducción: El cannabis es una droga de inicio temprano, el 77% de los consumidores se iniciaron entre los 15 y 24 años. La adolescencia, etapa vulnerable durante la cual el individuo está formando su identidad personal mediante la interacción constante con su entorno, siendo una variable fundamental los amigos, que pueden tener una gran influencia y moldeado.

Objetivo

Determinar la asociación entre la influencia social (familia y amigos) y la probabilidad de consumo de cannabis en adolescentes.

Método: Estudio transversal mediante encuesta a 84 estudiantes de 15 a 19 años pertenecientes Institutos de Educación Secundaria de Sevilla y Cádiz. Se realizaron análisis descriptivos y bivariados usando la chi-cuadrada de Pearson ($p<0,05$).

Resultados

47 (55.95%) eran de Cádiz, 42 (50%) eran chicas, 63 (75%) pertenecían a 4º de E.S.O., 15 (17,85) a 1º de Bachillerato y 6 (7,14%) a Ciclo Formativo Medio. Además, 51 (60,71%) manifiestan no tener novio/a. 62 participantes (77,5%) afirman nunca haber consumido cannabis y 81 (97,59%) participantes no tener intención de consumir.

Se encontraron asociaciones significativas entre el consumo de cannabis y el consumo de amigas, amigos, mejor/amigo y novio/a ($p<0.001$).

Respecto a la norma social, aunque el consumo fue superior entre aquellos/as que afirmaban que sus amigas/os, mejor amigo/a y novio/a opinan que deberían consumir cannabis, esta diferencia solamente fue significativa para la norma del novio/a ($p<0.001$).

Centrándonos en la presión social, los consumidores se sentían más presionados por amigas/os, mejor amigo/a y novio/a, siendo esta última la única asociación significativa ($p=0.008$).

Conclusiones

El consumo de cannabis se asocia con la influencia social de pares, siendo el novio/a quien ejerce mayor influencia. Los resultados reflejan la importancia de la intervención por pares para prevenir esta sustancia, siendo la pareja un elemento clave. Deberían ser replicados en estudios más amplios.

Palabras claves

adolescentes, cannabis, factores de riesgo, prevención.

PAPEL DE LOS SUPLEMENTOS ANTIOXIDANTES FRENTE AL CONSUMO DE ALCOHOL TIPO BOTELLÓN

Nogales F., Sánchez-Ramos D.
Ortiz-Rendón O.
Sobrino P.
Ojeda ML.
Carreras O.

Dpto. Fisiología. Facultad de Farmacia, Universidad de Sevilla. fnogales@us.es

Resumen

Introducción: El botellón entre los adolescentes es una realidad así como el daño oxidativo hepático que produce el consumo agudo y puntual de esta droga en el organismo.

Objetivos

Estudiar el daño hepatotóxico oxidativo del botellón y demostrar si el empleo de suplementos antioxidantes en la dieta, como el selenio (Se) o el ácido fólico (AF), pueden normalizar los efectos nocivos de este consumo agudo de alcohol.

Metodología

Se han utilizado seis grupos de ratas adolescentes sometidas, o no, a un consumo de alcohol tipo botellón. Las ratas sometidas al botellón recibían alcohol (3g/Kg) mediante inyección intraperitoneal (IIP) 3 días/semana durante 3 semanas y las ratas controles recibían, en el mismo periodo, una IIP de solución salina. Los grupos suplementados con AF o con Se recibieron 8 ppm de AF o 0,37 ppm de Se, respectivamente. La actividad de las enzimas antioxidantes superóxido dismutasa, glutation peroxidasa (GPx), catalasa, así como la presencia de marcadores de oxidación lipídica (MDA) se determinó espectrofotométricamente en hígado. Los niveles de Se y AF se determinaron, en suero, mediante espectrofotometría de absorción atómica y quimioluminiscencia.

Resultados

Los niveles de Se en suero y la actividad hepática de la enzima GPx disminuyen tras el botellón, mientras que aumenta el MDA, y no se modifican los niveles séricos de AF ni del resto de enzimas antioxidantes. La suplementación con Se aumenta los niveles de este mineral en suero, así como la actividad de la GPx. La suplementación con AF aumenta la concentración sérica de esta vitamina y restaura la actividad antioxidante en hígado. Ambas dietas consiguen neutralizar la peroxidación lipídica.

Conclusión

La suplementación con AF o Se resulta ser una terapia efectiva frente a los efectos oxidativo del botellón en ratas adolescentes siendo, por tanto, adecuada para adolescentes expuestos a este consumo.

Palabras claves

Ácido Fólico; Antioxidantes; Botellón; Hígado; Selenio.

PERCEPCIÓN DE RIESGO DEL CONSUMO DE DROGAS EN UNA POBLACIÓN UNIVERSITARIA DE LA COMUNIDAD DE MADRID

Ana Casaux Huertas
Pilar Mori Vara
Facultad de Enfermería, Fisioterpia y Podología.
Universidad de Madrid.
acasaux@ucm.es

Resumen

Introducción

El consumo recreativo de drogas entre los jóvenes, principalmente el alcohol, forma parte de su cultura de ocio y supone un acto de pertenencia al grupo, lo cual lo convierte en una actividad ampliamente extendida en este colectivo. Diversos estudios han demostrado que una menor percepción de riesgo (PR) predispone al consumo de estas sustancias, mientras que una PR alta ejercerá como factor protector.

Objetivos

Relacionar el nivel de conocimientos propios de los estudios universitarios y la PR que los alumnos tienen del consumo de drogas, identificar aquellas drogas cuya PR sea mayor entre los jóvenes y estudiar la posible asociación entre la PR y la prevalencia de consumo de drogas.

Metodología

Estudio observacional descriptivo transversal, cuya población diana fueron alumnos de la Facultad de Enfermería, Fisioterapia y Podología de la UCM, que cursaban cualquiera de los cuatro cursos del Grado en Enfermería, en el curso 2017-18. Una vez obtenido el visto bueno de la Comisión de Investigación de la Facultad de Enfermería, Fisioterapia y Podología de la UCM y del Comité de Ética de la Investigación del Hospital Universitario Clínico San Carlos de Madrid, se realizó un estudio estadístico descriptivo de los 493 cuestionarios respondidos, calculándose los valores medios y su desviación típica, para un intervalo de confianza del 95% y se buscó relación entre variables mediante el cálculo del Coeficiente de Correlación de Pearson y el empleo de técnicas de estadística inferencial.

Resultados

No existe relación entre el curso académico y la PR, pero si una relación donde a mayor PR menor prevalencia de consumo de drogas

Conclusiones

No existe relación entre el nivel de conocimientos propios de los estudios universitarios y la PR de los alumnos. Las drogas con mayor PR son la cocaína, éxtasis y heroína. Una mayor PR favorece una menor prevalencia de consumo. Palabras clave: drogas diseñadas; drogas ilícitas; estudiantes; percepción; riesgo.

Palabras claves

Drogas, Salud, Universidad, Enfermería

TEN YEARS OF TRANSCRANIEAL DIRECT CURRENT STIMULATION AND SUBSTANCE USE DISORDERS: A 2018 UPDATE

Sánchez-Kuhn, Ana
Sánchez-Santed, Fernando
Flores, Pilar
Department of Psychology and CIAIMBITAL,
University of Almeria (CeiA3),
Almeria, Spain.
Institute for Children Neurorehabilitation InPaula
ana_kuhn@outlook.com

ABSTRACT

Background

Substance use disorders (SUDs) are a universal cause of disability. While numerous pharmacological and behavioral interventions for SUDs are available, these may not be successful for all patients. Transcranial Direct Current Stimulation (tDCS) is a non-invasive neuromodulation technique that produces excitability brain changes translated into behavioural modifications. Recent studies have shown its potential efficacy for SUD treatment. The following work put together the most recent and relevant data related to this innovative technique.

Objective

To highlight the most relevant results of the last 10 years in the field of tDCS applied to the treatment of SUDs, disclosing the most effective stimulation protocol.

Method

Literature searches (eg, PubMed, Google Scholar) were carried out over tDCS studies delimited from 2008 to 2018. Studies were selected from 1Q-2Q journals involving addicted population under the search terms "addiction & tDCS".

Results

15 studies were identified examining the effect of tDCS on cravings and consumption of SUDs, including tobacco, alcohol, cannabis, opioids and stimulants. tDCS demonstrated decreases in drug craving and consumption. Results are most encouraging when stimulation is targeted to the right Dorsolateral Prefrontal Cortex (rDLPFC) for repeated sessions of anodal/20 min/2 mA.

Conclusions

Interventions with tDCS may have beneficial effects on drug craving and consumption. Future studies should adress the combination of classic neurorehabilitation treatments with neuromodulation techniques aiming more significant results.

This work was supported by the Ministerio de Economía y Competitividad and the

Fondo Europeo de Desarrollo Regional (MINECO-FEDER) [Grant numbers: PSI2014-

55785-C2-1-R, PSI2015-70037-R and PSI2017-86847-C2- 1-R MINECO-FEDER].

Keywords

transcranial direct current stimulation; addiction; neuromodulation;

substance use disorders

USO NOCTURNO DE APARATOS TECNOLÓGICOS E INSOMNIO: UN PROBLEMA CRECIENTE ENTRE LOS ADOLESCENTES

Díaz Castro, S.
Cáceres Matos, R.
Departamento de Enfermería.
Facultad de Enfermería, Fisioterapia y Podología.
Universidad de Sevilla.
sardiacas@gmail.com

Resumen

Introducción

La tecnología se ha convertido en una necesidad cada vez más importante. Hoy en día la mayoría de las personas disponen de diferentes aparatos tecnológicos, siendo los adolescentes, preocupados por la aceptación del grupo, la población más vulnerable en la adquisición de estos aparatos convertidos en nuevas formas de comunicación.

Objetivo

Estudiar la influencia del uso nocturno de aparatos tecnológicos y la calidad del sueño en la población adolescente.

Metodología

Se llevó a cabo una búsqueda generalizada para elaborar la introducción durante los días 04 y 06 de Mayo. Posteriormente, se realizó una búsqueda en las bases de datos: DIALNET MEDES, PUBMED y SCOPUS en los días 10 y 11 de Mayo de 2018.

Las estrategias de búsqueda fueron las siguientes:

"Uso tecnológico" AND insomnio AND adolescente

"Technology use" AND insomnia AND adolescent

Criterios de inclusión:

Artículos publicados en español e inglés.

Artículos publicados entre los años 2013-2018.

Se obtuvieron 43 artículos, de los cuales 20 fueron considerados válidos tras leer título y resumen. Finalmente, tras la lectura completa se desecharon 13, obteniéndose 10 para nuestra revisión bibliográfica.

Resultados

Las nuevas tecnologías han pasado a ser uno de los medios de comunicación más comunes entre los adolescentes. El uso excesivo de los aparatos tecnológicos se está convirtiendo en una adicción más para la población adolescente, pues cada vez es más alarmante la cantidad de jóvenes que llevan a su cama los teléfonos móviles, portátiles, etc. Varios estudios han indicado que el uso de dispositivos electrónicos está asociado con los trastornos del sueño.

Uno mostró una correlación significativa entre el uso del móvil en la cama y alteraciones del sueño, como corta duración del sueño, baja calidad y excesiva somnolencia diurna en los adolescentes japoneses. Según Troxel et al., los mensajes de textos nocturnos se asociaron con un sueño insuficiente. El uso del móvil a altas horas de la noche se asoció con una peor calidad del sueño en los adolescentes

Conclusiones

El uso nocturno excesivo de medios electrónicos está asociado negativamente con la calidad del sueño, provocando insomnio y otras consecuencias en la población adolescente.

Palabras claves

Adolescentes, Insomnio, Salud, Enfermería

USO TERAPÉUTICO DEL CANNABIS Y BAJA PERCEPCIÓN DEL RIESGO EN ADOLESCENTES: ANÁLISIS CUALITATIVO

Andrea García-García*

María del Carmen Torrejón-Guirado**

Maria Isabel Acuña-San Román*

Francisco Vega-Rodríguez**

Sara Amo-Cano*

Marta Lima-Serrano***

*Diplomada en Enfermería. Estudiante Doctorando en ciencias de la salud, Departamento de Enfemería, Universidad de Sevilla. andgargar6783@gmail.com

**Graduada en Enfermería. Estudiante de Máster Universitario. Facultad de Enfermería, Fisioterapia y Podología.

Universidad de Sevilla.

***Profesora Contratada Doctor. Departamento de Enfermería. Facultad de Enfermería, Fisioterapia y Podología.

Universidad de Sevilla.

Resumen

Introducción: El uso recreativo de cannabis se ha triplicado en las últimas décadas. Entre las causas se encuentra la banalización en la sociedad y la baja percepción del riesgo adolescentes pudiendo ser una causa la falta de información del correcto uso terapéutico de esta sustancia.

Objetivos

Analizar la percepción de los adolescentes ante el cannabis relacionada con la banalización del uso terapéutico de la sustancia.

Metodología

Los hallazgos de este estudio, son resultados parciales de un estudio cualitativo fenomenológico mediante grupos focales con adolescentes entre 14 y 17 años. Estudio realizado entre Febrero y Junio 2017, en un IES de ámbito rural de la provincia de Sevilla. Mediante muestreo por conveniencia, se seleccionó una muestra de 20 alumnos distribuidos en 4 grupos focales. Se utilizó guión semi-estructurado y se realizó análisis de contenido apoyado en un sistema categorial. El tamaño muestral se determinó según el criterio de saturación de datos.

Resultado

Se reflejó un gran desconocimiento y confusión en la terminología. La entrada de información es a través de los medios de comunicación, charlas escolares no específicas del cannabis y de lo oído en la calle. Conocen la existencia del uso terapéutico, con la debida prescripción facultativa, siendo la percepción positiva de uso al que le dan gran importancia pero no profundizan en conocimientos. Además, consideran positivo el consumo propio mientras no molesten al prójimo, aunque perciben más peligroso el cannabis que el tabaco. Transmiten que los consumidores son ignorantes de las posibles consecuencias causadas por el consumo a largo plazo y consideran que tienen autocontrol de abandono.

Conclusiones: Existe gran falta de conocimiento sobre las consecuencias de consumir cannabis, sobre todo en edad adolescente. Encontramos gran banalización de la sustancia por su parte a la que atribuyen en parte al uso terapéutico de la misma. Se deben de realizar acciones desde la promoción de la salud en la adolescencia precoz dirigidas a fomentar el conocimiento del uso adecuado en cuestión de uso terapéutico y consecuencias de consumo por la inmadurez en su desarrollo cognitivo.

Palabras claves

Adolescentes, cannabis, percepción del riesgo, uso terapéutico.

VARIABLES PERSONALES ASOCIADAS AL CONSUMO DE CANNABIS EN ADOLESCENTES DE 13 A 18 AÑOS: REVISIÓN DE LA LITERATURA

María del Carmen Torrejón-Guirado
Andrea García-García
Francisco Vega-Rodríguez
María Isabel Acuña-San Román
José Manuel Martínez-Montilla
Marta Lima-Serrano
Departamento de Enfermería.
Facultad de Enfermería, Fisioterapia y Podología.
Universidad de Sevilla.
maricarmentorrejon@hotmail.com

Resumen

Introducción

El uso de cannabis por parte de adolescentes representa un problema importante para la salud pública por su importante prevalencia en todo el mundo. Podríamos evitarlo si la población conociera los factores exactos relacionados con su consumo.

Objetivos

Descubrir los principales hallazgos de aquellos estudios sobre los factores de riesgo personales del consumo de cannabis por parte de la población adolescente.

Metodología

En Febrero de 2017 se realizó una revisión de la literatura de publicaciones de los últimos 5 años, en Scopus, Pubmed, Wos, Pyscinfo con una estrategia de búsqueda elaborada con palabras clave, siguiendo la metodología PRISMA. El cribado se realizó a partir de la fase analítica de título y resumen, seguido de lectura a texto completo, evaluación de evaluación de calidad y extracción de datos de los estudios seleccionados, clasificándolos en variables personales. Para evaluar la calidad metodológica se utilizó el instrumento para la lectura crítica "Critical Appraisal Skills Programme Español", y para el factor de impacto de las revistas el Journal Citation Reports.

Resultados

Se obtuvieron 645 referencias bibliográficas, pero solo cumplieron con los criterios de selección 19, clasificadas con una buena calidad científica. El análisis de artículos mostró que los factores de riesgo personales asociadas al consumo de cannabis en adolescentes son la genética, tener una baja autoestima, la búsqueda de sensaciones, salir por la noche a menudo, tener un trabajo remunerado, y realizar otras conductas de riesgo como: fumar tabaco, consumir alcohol, juegos de azar.

Conclusiones

Estos factores de riesgos deben abordarse a una edad temprana, para potenciar los activos en salud en la vida adulta. El conocimiento de los factores de riesgo personales ayudará a llevar a cabo programas de promoción y prevención de la salud dirigidos a aumentar los comportamientos positivos, reforzar la autoestima, la motivación, así como la autoeficacia del adolescente mismo.

Palabras claves

adolescentes, cannabis, factores de riesgo, prevención.

VARIABLES RELACIONADAS CON LA EVOLUCIÓN DE LA DISCAPACIDAD EN PATOLOGÍA DUAL: UN ESTUDIO LONGITUDINAL

Rafael Mora Macías[1]
Sergio Navas León[1]
Sara Domínguez Salas[1]
Juan José Mancheño Barba[2]
Maria Luisa Gutiérrez López[2]

[1]*Universidad de Huelva, Huelva, España*

[2]*Unidad de Salud Mental Comunitaria del área Hospitalaria Juan Ramón Jiménez, Huelva, España.*

rafael.moramacias@gmail.com

Resumen

Introducción

La patología dual se define como la concurrencia de un trastorno mental y un trastorno por consumo de sustancias en un mismo sujeto. Esta problemática tiene como característica una alta tasa de uso de las urgencias hospitalarias, así como complicaciones médicas. Pese a ello, pocos estudios exploran la relación entre patología dual y discapacidad, probablemente enlazada debido a la relación existente entre discapacidad, salud mental y trastorno por consumo de sustancia.

Objetivos

Identificar las variables relacionadas con el cambio clínico en la discapacidad de pacientes duales.

Metodología

Se diseñó un estudio observacional-longitudinal con dos mediciones espaciadas en 6 meses. Se seleccionaron a 196 pacientes onubenses mediante muestreo estratificado, de los cuales 31 pacientes mostraron cambio clínico, tanto mejorando como empeorando durante el tratamiento. Provenían de las Unidades de Salud Mental Comunitaria (USMC), de los Centros de Tratamiento de Adicciones (CTAD) y de la modalidad coordinada siendo diagnosticados de patología dual. Se administró mediante entrevistas individualizadas la escala *Substance Dependence Severity Scale* (SDSS), el cuestionario *Brief Symptom Inventory* (BSI), la *Mini International Neuropsychiatric Interview* (MINI) evaluando severidad de la dependencia, sintomatología psiquiátrica y nosología psiquiátrica respectivamente; así como la *WHODAS 2.0,* utilizándose para dividir en dos grupos a las personas que mejoraron y las que empeoraron en la variable discapacidad. Se empleó tanto el estadístico T de Student como Chi-cuadrado para analizar los datos recogidos.

Resultados

Los análisis mostraron relación estadísticamente significativa entre el cambio recogido con la WHODAS 2.0 y estatus socioeconómico, estado maníaco pasado, agorafobia actual y trastorno antisocial de personalidad de por vida.

Conclusiones

La intervención sobre estas variables psicopatológicas podría mejorar la discapacidad percibida en estos pacientes con patología dual.

Palabras claves

Comorbilidad Psiquiátrica; Consumo de Drogas; Estudio Longitudinal; Patología dual; Salud Mental; WHODAS 2.0

ALERTA ALCOHOL EN FAMILIA: PROTOCOLO Y AVANCES EN LA INTERVENCIÓN FAMILIAR WEB PARA PREVENIR EL CONSUMO DE ALCOHOL EN ADOLESCENTES

Mª Isabel Acuña San Román
Francisco Vega Rodríguez
Andrea García García
Mº Parra Gallego
Carmen Torrejón Guirado
Marta Lima Serrano
Departamento de Enfermería. Facultad de Enfermería, Fisioterapia y Podología.
Universidad de Sevilla.
miacusan@us.es

Resumen

Introducción

El consumo de alcohol por atracón, definido como consumo 5 o más bebidas para el hombre y 4 o más para la mujer en una sola ocasión es el patrón habitual de consumo en adolescentes españoles y andaluces.

Las intervenciones basadas en la web permiten dar mensajes de salud personalizados gracias a la retroalimentación obtenida en cuestionarios previos. Esto, unido a que la familia es el principal contexto de desarrollo humano, conforma los ejes para el desarrollo de esta intervención con adolescentes y sus progenitores.

Objetivos

Describir los avances en el desarrollo de la intervención web: Alerta Alcohol en Familia

Metodología

Ensayo clínico controlado por conglomerados multicéntrico, con grupo control (GC) y un grupo intervención (GI: dirigido a adolescentes, se desarrollará una nueva intervención añadiendo un segundo grupo de intervención (GI 2: dirigido a adolescentes y sus progenitores).

Se seleccionó de forma aleatorizada a centros educativos andaluces inscritos en el programa Forma Joven (n=24), obteniéndose un grupo control (GC; n=8) y dos grupos experimentales (GI; n=8 y GI 2; n=8), participaran 2040 estudiantes de 16-18 años. Se estima que para el GI 2 participen 680 progenitores. Se realizará, además de la intervención: evaluación inicial, seguimiento a los 6 y evaluación final a los 18 meses.

Resultados

En función de los resultados de la evaluación de la intervención previa (que tuvo una adherencia del 47% sesiones completadas), se observa la necesidad de consejos cortos y directos, y más atractivos, incluyendo gamificación.

Para desarrollar la intervención familiar (GI 2) se realizó una búsqueda bibliográfica y se contó con expertos de diversos ámbitos. Los consejos de esta se dirigen a trabajar hábitos, conocimientos, actitudes, modelo, norma ,presión social, autoeficacia y planes de acción, además de elementos de desarrollo positivo como son afecto/comunicación, autorrevelación, humor, control comportamental y psicológico, promoción de la independencia y autonomía personal.

Conclusiones

Con las nuevas actualizaciones se prevé una mejorar la adherencia y el coste-efectividad de "Alerta alcohol en Familia", lo que podría convertirlo en una buena práctica de promoción de salud basada en la evidencia

Palabras claves

Adicción, Alcohol, Adolescentes, Enfermería

VIVENCIAS EN AL-ANON: COMPARATIVA ENTRE PORTUGAL Y ESPAÑA

Claudia Bernabéu Álvarez
Joaquín Salvador Lima-Rodríguez
Emília Isabel Martins Teixeira da Costa
claberalv@gmail.com

Resumen

Introducción

El alcoholismo es una enfermedad de la familia y un cambio de actitud de alguno de los miembros puede ayudar a la recuperación. Los grupos de ayuda mutua (GAM) de familiares de alcohólicos están compuestos por parientes de alcohólicos que comparten sus vivencias, fuerzas y esperanza. En España y Portugal existen GAM para familiares de alcohólicos: Al-Anon.

Objetivos: Conocer las vivencias de personas que acuden a GAM sobre el apoyo social, esfuerzo por cuidar y experiencias durante la pertenencia al grupo.

Metodología

Estudio mixto: descriptivo transversal y cualitativo fenomenológico. Tamaño muestral de 12 familiares de alcohólicos que asisten a GAM, 6 en Sevilla y 6 en Setúbal. La edad media de la muestra fue de 53 años. El 74,8% son mujeres. Se usaron los cuestionarios Índice de Esfuerzo del Cuidador y el MOS de apoyo social, y se realizó una entrevista grupal grabada en audio. Para el análisis de los datos se emplearon los programas SPSS y QRS, respectivamente.

Resultados

En el grupo de Sevilla, el 16,6% presentó sobreesfuerzo y el 100% contaba con un buen apoyo social. El 33,3% de la muestra del grupo portugués presentó sobreesfuerzo, y el 83,3% contaba con un buen apoyo social. En cuanto a la entrevista, en ambos grupos los participantes expresan sentimientos como: pertenencia al grupo, serenidad, autoestima, empatía, entendimiento de la enfermedad, resolución de dificultades, honestidad, responsabilidad con respecto al problema, necesidad del grupo y gratitud.

Discusión

En ambos grupos, la mayoría de los familiares no presentan sobreesfuerzo por cuidar y cuentan con un buen apoyo social, obteniendo mejores resultados en el grupo sevillano. En cuanto a la entrevista, todos expresan vivencias muy positivas.

Conclusiones

Pensamos que los GAM son beneficiosos y deberían fomentarse en cuidadores. Se hace necesario seguir realizando estudios con un tamaño muestral mayor y en distintos GAM.

Palabras clave

Alcoholismo; Apoyo social, Cuidador; Familia; Grupos de Autoayuda.

¿ACTUA LA RESILIENCIA COMO PREVENCIÓN FRENTE AL CONSUMO DE DROGAS, LICITAS E ILICITAS, EN ADOLESCENTES?

Sara Amo Cano
José Manuel Martínez-Montilla
María del Carmen Torrejón Guirado
Ana Magdalena Vargas-Martínez
Marta Lima-Serrano
Departamento de Enfermería. Facultad de Enfermería, Fisioterapia y Podología.
Universidad de Sevilla.
saramocano@gmail.com

Resumen

Introducción

La teoría de la resiliencia relacionada con la exposición a riesgos de los adolescentes, se centra más en las fortalezas que en los déficits (psicología positiva), en la comprensión del desarrollo de la salud a pesar de la exposición al riesgo. Según las encuestas nacionales e internacionales, el consumo de sustancias licitas e ilícitas ha aumentado con respecto a años anteriores, con las graves consecuencias que esto conlleva.

Objetivo

Determinar si hay evidencia sobre que la resiliencia actúe como factor protector frente al consumo de drogas, licitas o ilícitas, en los adolescentes.

Metodología

Se realizó una búsqueda hasta el 15 de mayo de 2018 en las bases de datos, Scopus, Dialnet, Pubmed, Cinahl, Web of Science, Cochrane y Cuiden plus. Se seleccionaron aquellos artículos de revista, publicados en los últimos 5 años, que presentaran resumen, que se pudiera acceder al texto completo, y cuyo idioma fuera español, catalán, inglés, francés y portugués. Se emplearon los términos decs "substance use", "prevention", "adolescent", "resilience", "intervention" y "teenager".

Resultados

La muestra final la conforman 13 artículos. Evalúan intervenciones con adolescentes en las que se tenía en cuenta la resiliencia como factor protector. Se encontraron efectos sobre el consumo de drogas ilícitas, pero no sobre las licitas. Por los tamaños de efectos hallados, dichos resultados apoyan la implementación de intervenciones escolares universales que abordan los factores de protección de la resiliencia para reducir el consumo de sustancias ilícitas entre los adolescentes, sin embargo, sugieren que se requieren enfoques alternativos para el consumo de tabaco y alcohol.

Conclusiones

Esta revisión aporta datos sobre la eficacia de varios estudios, donde se demuestra que, aunque sus intervenciones son efectivas, este efecto no se obtiene para todas las sustancias. Así, sería interesante continuar investigando sobre este tema, lo que se traduciría en una prevención más efectiva del consumo de sustancias en adolescentes, donde las enfermeras jugamos un rol fundamental.

Palabras claves

resiliencia, consumo de sustancias, drogas, adolescentes, prevención, intervención.

¿CÓMO INFLUYE EL GÉNERO EN LOS TRASTORNOS POR USO DE SUSTANCIAS?

Lorena Tarriño Concejero
Mª de los Ángeles García-Carpintero Muñoz
Eugenia Gil García
Sergio Barrientos Trigo
Departamento de Enfermería. Facultad de Enfermería, Fisioterapia y Podología.
Universidad de Sevilla.
lorenya_tc@hotmail.com

Resumen

Introducción

El género es un factor que condiciona los trastornos por uso de sustancias (TUS). Los TUS generan patrones de comportamientos problemáticos pero a pesar de ellos las personas continúan consumiendo.

Objetivos: Describir cómo influye el género en los TUS.

Metodología

Revisión de la literatura de febrero a mayo 2018.

Descriptores DECS: Gender Identity, Substance-RelatedDisorders, Health.

Bases de datos: Dialnet, Scopus, Psycinfo.

Criterios de inclusión: Inglés y español, población adulta, publicados los últimos 5 años.

Criterios de exclusión

No vincularar el género a los TUS.

Se seleccionaron tras una primera y segunda revisión 4 artículos.

Resultados

El género influye de manera directa en los trastornos por uso de sustancias.

Diversos artículos relacionan los TUS asociados al género principalmente con el consumo de drogas y alcohol, salud física y mental y las relaciones familiares y sociales.

- Consumo de drogas y alcohol

Los hombres presentan un inicio del consumo más temprano, abusivo y regular mientras que las mujeres presentaban más dificultades para controlar su consumo.

- Salud física y mental

Se muestra un mayor porcentaje de hombres hospitalizados por distintas patologías físicas asociadas a lo TUS; mientras en las mujeres son mas prevalente los problemas de salud mental y los pensamientos y las tentativas suicidas.

- Las relaciones familiares y sociales.

Las relaciones familiares son más disfuncionales en mujeres con TUS que en hombres. Mientras que en las relaciones familiares no se muestran diferencias por género.

Conclusiones

El género influye en los TUS. Así, hay diferencias en cuanto al género relacionadas con el consumo de drogas y alcohol, salud física y mental y las relaciones familiares. Estos resultados son de gran interés para la práctica clínica, ya que, se deben elaborar en función del género programas de intervención que atiendan de manera integral y diferencial a cada paciente.

Palabras claves

GenderIdentity; Health; Substance-RelatedDisorders.

EL FENÓMENO DEL ALCOHOL Y DROGAS EN PERSONAS QUE TRABAJAN DE TEMPORADA EN IBIZA: APROXIMACIÓN A TRAVÉS DE METODOLOGÍA MIXTA

Raquel Navarro Maldonado

raquenavupf@gmail.com

Resumen

Introducción

El consumo de alcohol y otras drogas tiene una elevada prevalencia entre la población trabajadora en general. Sin embargo, apenas se ha estudiado la situación en población trabajadora de temporada de entornos centrados en la hostelería y actividades turísticas.

Objetivo

Describir y comprender la situación de consumo de alcohol y drogas de las personas que trabajan durante la temporada de verano en la Isla de Ibiza.

Metodología: Mediante metodología mixta, de forma secuencial, se planteó un diseño en dos fases en población con contrato de temporada en el sector de hostelería. En la primera fase un estudio descriptivo transversal de prevalencia, para recoger variables principales como el patrón de consumo, el riesgo asociado y la percepción del mismo. En la segunda fase, una aproximación cualitativa fenomenológica a través de entrevistas en profundidad para comprender dimensiones como la percepción y la motivación en relación con el consumo.

El acceso a la muestra, para la primera fase, es a través de los profesionales que realizan el reconocimiento médico de los trabajadores mediante un muestreo aleatorio estratificado. Los participantes, para la segunda fase en base a los resultados obtenidos, son aquellos perfiles más prevalentes.

Para el análisis de los datos cuantitativos se utiliza estadística descriptiva e inferencial a través del programa SPSS (v25) y para la parte cualitativa la técnica de análisis de contenido de forma deductiva usando como soporte el programa NVivo (v12).

Resultados esperados

Se pretende obtener una perspectiva actual y profunda de la realidad de consumo en un entorno laboral muy relacionado con el ocio turístico que permita, desde las políticas de salud en general, y desde la disciplina enfermera, en particular, diseñar estrategias e intervenciones concretas orientadas a prevenir o minimizar los riesgos derivados del consumo de estas sustancias.

Palabras clave

Ámbito laboral; Drogas de abuso; Patrones de consumo; Percepción del riesgo; Prevalencia consumo de drogas; Prevención; Salud laboral.

ABUSO DE DROGAS EN ADOLESCENTES EMBARAZADAS: REVISIÓN BIBLIOGRÁFICA

María Andreu Tornero
Luz Ureña Sánchez
Marta Rodríguez Pascual
Ana María Rodríguez Sánchez
mat00007@red.ujaen.es

Resumen

Introducción: El abuso de drogas en el embarazo adolescente constituye un problema de salud materno-infantil. En España, estudios revelan que un 31% de las mujeres fuman al comienzo del embarazo y un 19-20% continúa haciéndolo. Muestras de meconio de bebés, demostraron positividad de un 10.9% en exposición fetal a drogas. El tabaco, cannabis y el alcohol son las drogas más consumidas, seguidas de cocaína y otros estupefacientes.

Objetivos

Investigar factores relacionados y predisponentes en el abuso de estupefacientes en adolescentes embarazadas.

Metodología

Se realizó una búsqueda bibliográfica en mayo y junio de 2018 en las bases de datos "Web Of Science" y "Pubmed", obteniendo 6 artículos siguiendo la cadena de búsqueda "drug abuse and teenager pregnant". Criterios de inclusión: artículos a texto completo, límite de 10 años de antigüedad y sin restricción de idioma.

Resultados

El grupo que comprende las edades de 12-14 años, tiene mayor probabilidad de abuso de sustancias durante el embarazo y el grupo de edad comprendido entre 15-17 años tiene menor probabilidad de abuso de drogas que sus contrapartes no embarazadas.

Las adolescentes embarazadas que han recibido acoso o abuso por parte de su pareja tienden a adoptar comportamientos de riesgo como el abuso de sustancias.

Las madres adolescentes que residen en comunidades y familias social y económicamente desfavorecidas constituye un factor de riesgo de abuso de estupefacientes durante el embarazo.

La depresión está relacionada con el uso de tabaco y cannabis durante el embarazo en adolescentes.

Conclusiones

La temprana edad, las enfermedades mentales, antecedentes de abuso y la residencia en ambientes desfavorecidos constituyen los principales factores de riesgo relacionados con el abuso de sustancias durante el embarazo.

Palabras claves

Drogas, Adolescentes, Embarazo, Salud, Enfermería

ADICCIONES EN LA ADOLESCENCIA

Cristina Ruiz Peña
Laura de los Santos Tejada
Rocío Martín Camacho
cristinarupe82@gmail.com

RESUMEN

Introducción

El uso de los teléfonos móviles ha cambiado notablemente la vida de los adolescentes[1], siendo éste un factor de riego para su calidad del sueño y salud mental[2]. La depresión es un trastorno mental común que se ve ampliamente entre los adolescentes que sufren de adicción a los teléfonos móviles (ATM)[4].

Objetivos

Describir la relación del uso del teléfono móvil y la depresión en la adolescencia.

Metodología

Búsqueda bibliográfica en la base de datos Pubmed con los criterios de inclusión de inglés y publicado en los últimos 5 años (hasta 2018), donde se encuentran 28 artículos, de los cuales finalmente se seleccionan 5 tras lectura completa de estos. La estrategia de búsqueda utilizada es "CellPhone" AND "Adolescent" AND ("Depression" OR "DepressiveDisorder").

Resultados

La mala calidad del sueño juega un papel importante en el aumento del riesgo de problemas de salud mental en los estudiantes con ATM[2], puesto que el uso de teléfonos móviles de 2 horas o más por día en redes sociales y chats en línea se asocia a un mayor riesgo de depresión por favorecer un estado de ánimo psicológico desfavorable[3, 5]. La tasa de intentos suicidas en adolescentes con uso adictivo del teléfono móvil es de un 13,7% respecto al 5,45% de la población adolescente que no tienen dicha adicción, donde la buena función familiar tiene un efecto moderador en la relación suidicio-ATM[1]. Tanto el apoyo social como las emociones positivas pueden reducir los niveles de depresión entre los adolescentes que sufren ATM[4].

Discusión/Conclusión: La ATM provoca mayor riesgo de depresión en adolescentes[2,3].

Palabras clave

Teléfono móvil, adolescente, depresión y desorden depresivo.

ALCOHOL, DROGAS Y SEXO

Cristina Ortiz Alonso
Sara Mª Cabello Navóz
cortalo91@gmail.com

Resumen

Introducción: El consumo de alcohol y drogas se ha disparado en los jóvenes en los últimos años convirtiéndose en un importante problema de salud pública. Además de las propias implicaciones negativas para la salud, conlleva una serie de comportamientos de riesgos como ciertas prácticas sexuales.

Objetivo

El objetivo de la presente revisión bibliográfica es establecer la relación entre el consumo de alcohol y drogas y las prácticas sexuales de riesgo.

Metodología: Para la búsqueda de información realizada durante el mes de abril del presente año, las Bases de Datos consultadas fueron: Dialnet, Cuiden y Scielo. En ellas se aplicaron los DeCS "alcoholismo", "conducta sexual" y "consumo de bebidas alcohólicas" y los filtros idioma (castellano e inglés) y periodo temporal no superior a 6 años. De esta forma se obtuvieron 43, 14 y 21 resultados respectivamente en las bases de datos anteriormente mencionadas. Se incluyeron aquellos artículos que informasen sobre el consumo de alcohol y drogas en adolescentes y jóvenes de hasta 25 años de edad y su relación con las conductas sexuales de riesgo.

Resultados

Se constata que el consumo de alcohol y drogas produce desinhibición, con pérdida de control y/o juicio racional. Esto desemboca en prácticas sexuales de riesgo que pueden producir una ITS, embarazos no deseados, promiscuidad además de otros problemas como impotencia funcional.

Los jóvenes se ven motivados al consumo de forma lúdica de estas sustancias por mitos de aumento del deseo, funcionamiento o placer sexual. Este hecho, aumenta a su vez la probabilidad de cronicidad del consumo o dependencia de éstas para las relaciones sexuales.

Conclusiones: El consumo de alcohol y drogas facilita las prácticas sexuales de riesgo, de ahí la importancia de estrategias de prevención en jóvenes hacia el autocuidado y la desmitificación de estas sustancias.

Palabras clave

"alcoholismo", "conducta sexual" y "consumo de bebidas alcohólicas".

APPS DESTINADAS AL CONTROL DEL CONSUMO DE ALCOHOL

Ángeles Ramos Martínez
Desirée Ramírez López
María del Carmen Rodríguez García
María Sánchez Navarro
desireeramirezlopez@gmail.com

RESUMEN

Introducción

Hoy en día, el beber alcohol está considerado como un acto social. Según la literatura científica, el abuso de alcohol es un factor de riesgo de muchas enfermedades e incluso es el desencadenante principal de algunas de ellas, por lo que es fundamental desde el punto de vista sanitario controlar el consumo de alcohol de nuestros pacientes para evitar futuras complicaciones.

Nos encontramos en una sociedad basada en las tecnologías, por lo que consideramos que el uso de ciertas aplicaciones en el ámbito sanitario puede ser un punto clave para ayudar a nuestros pacientes a controlar sus adicciones.

Objetivos

Enunciar y describir el contenido las apps destinadas al control del consumo de alcohol existentes actualmente en el mercado

Metodología

Se realizó una búsqueda bibliográfica en las bases de datos pubmed, cuiden y science direct utilizando las palabras clave "app" "alcohol" "health" se realizaron combinaciones con el operador booleano AND. Fueron seleccionados todos los artículos posteriores a 2010 y que se encontraran en idioma inglés o español. La búsqueda fue realizada entre los meses de abril y mayo de 2018.

Resultados

Existe numerosa variedad de app en el mercado para el consumo de alcohol, la mayoría se encuentran en idioma inglés y solo unas pocas han sido testadas con un análisis clínico, y si ha sido así, los resultados no han resultado estadísticamente significativos o la muestra de estudio ha sido insuficiente para poder extrapolarlo a la sociedad

Conclusiones

A pesar de existir muchas apps en el mercado para el control del consumo de alcohol, existen mucha carencia científica en su contenido, por lo que es necesario un mayor desarrollo de las mHealth en este ámbito de la salud antes de recomendarlas como personal sanitario a nuestros pacientes

Palabras claves

"alcohol" "app" "health" "mHealth"

CAMBIOS NEUROANATÓMICOS Y NEUROFUNCIONALES INDUCIDOS POR EL CONSUMO DE CANNABIS

Maria Del Mar Macho Rivero
mari_mar_4491@hotmail.com

RESUMEN

Introducción: El cannabis es la tercera droga más consumida en España. La edad de inicio de esta droga es a los 14,7 años; siendo más extendido su consumo entre hombres que entre mujeres.

Objetivos

Resumir el estado actual de conocimiento sobre los cambios neuroanatómicos y neurofuncionales inducido por el consumo de cannabis.

Metodología

Se realizó una revisión bibliográfica en las bases de datos Pubmed, Scopus y Cinahl. MeSH utilizados: "cannabis", "marijuana use", "brain", "neuroimaging"; combinándolas con los operadores booleanos "AND" y "OR". Las búsquedas se realizaron de Marzo a Abril de 2018.

Resultados

El tetrahidrocannabinol (THC) provoca una reducción en la densidad de la sustancia gris y en el volumen de regiones cerebrales ricas en receptores cannabinoides tipo 1 (CB1). Estas regiones se encuentran vinculadas al control motor, motivación, afecto, memoria; funciones que pueden verse alterada por el consumo de cannabis. El consumo de cannabis en adolescente puede afectar al neurodesarrollo, periodo crítico durante el cual la modulación sináptica y la mielinización son muy activas.

Conclusiones

Desde la disciplina enfermera se debe iniciar una adecuada Educación para la Salud en consumo de cannabis desde la adolescencia, y así prevenir los cambios neuroanatómicos y funcionales expuestos. Además en la adolescencia, se ha observado altas correlaciones entre el consumo de cannanis y alteraciones en la modulación sináptica y la mielinización.

Palabras claves (MeSH)

"brain"; "cannabis"; "marijuana use"; "neuroimaging".

CONSUMO DE TABACO Y ALCOHOL EN LOS ADOLESCENTES DE UNA REGIÓN DEL NORTE DE PORTUGAL

María Dolores Guerra-Martín (1)
Henriqueta Ilda Verganista Martins Fernandes
Luísa Maria da Costa Andrade
Maria Manuela Ferreira Pereira da Silva Martins
Karla Maria Carneiro Rolim

(1) Profesora titular de la Universidad de Sevilla.
Departamento de Enfermería.
guema@us.es

Resumen

Introducción

El consumo de sustancias adictivas, como el tabaco y el alcohol, en los adolescentes es un problema de salud pública.

Objetivos

Caracterizar el consumo de tabaco y alcohol de los adolescentes de una región del norte de Portugal.

Metodología

En 2014 se realizó un estudio descriptivo, transversal. La muestra fue no probabilística, compuesta por 1.066 adolescentes, de 10º, 11º y 12º curso de enseñanza secundaria (15-18 años). Se utilizó un cuestionario con datos sociodemográficos, APGAR familiar y de comportamientos. El análisis de datos fue descriptivo e inferencial, mediante SPSS 24.0.

Resultados

Un 73,1% no consumió tabaco y un 56,1% tampoco alcohol (últimos 30 días). El consumo de tabaco en chicos fue del 50,9% [$\chi 2(1)=6,36$, p=0,012] y de alcohol del 50,9% [$\chi 2(1)=4,96$, p=0,03]. En 10º curso un 47,2% fumaba [$\chi 2(4)=17,75$, p=0,0001] y un 45,8% bebía [$\chi 2(4)=20,56$, p=0,0001]. Relación entre consumo de tabaco y de alcohol: $\chi 2(1)=26,28$, p=0,0001. Los consumidores de alcohol también consumen tabaco (OR=2,40, IC95% 1,86-3,11). Relación entre consumo de alcohol y agresiones físicas: OR=2,18, IC95% 1,57-3,05. 53% percibió a su familia como moderadamente funcional y 46% altamente funcional. No se observaron asociaciones estadísticamente significativas entre el consumo de tabaco y alcohol con la funcionalidad familiar.

Conclusiones

1. Una tercera parte de adolescentes no consume tabaco y algo más de la mitad no consume alcohol. Los chicos consumen algo más de tabaco y alcohol que las chicas. En 10º curso se consume más tabaco y alcohol que en el resto de cursos. Hay una asociación estadísticamente significativa entre consumo de tabaco y de alcohol.
2. Hay dos veces más probabilidades de que los adolescentes que consumen alcohol se involucren en agresiones físicas.
3. Casi la totalidad de los adolescentes considera que sus familias no son disfuncionales. No hay asociación entre funcionalidad familiar y consumo de tabaco o alcohol.

Palabras claves

Consumo de Alcohol en la Adolescencia; Uso de Tabaco; Relaciones Familiares; Adolescente (DeCS).

CUIDADOS DE ENFERMERÍA EN RECIÉN NACIDOS CON SÍNDROME DE ABSTINENCIA

Carlos Alba López
Darío Sánchez Fernández
María Martínez López
María Catalina García Gázquez
Andrea Vera Pérez
carlosalbalopezual@gmail.com

Resumen

Introducción: El Síndrome de abstinencia neonatal hace referencia al conjunto de síntomas y manifestaciones provocados en el recién nacido tras la retirada de drogas con alto grado de adicción, consumidas por la madre durante el embarazo. Cursa con afectación nerviosa a nivel central y gastrointestinal, ocasionando en el recién nacido temblores, irritabilidad, fiebre, pérdida de peso excesiva, diarrea, vómitos, irregularidades en la conducta,... Suelen aparecer durante los primeros días de vida y afecta al 55-94% de los recién nacidos con madres consumidoras de opioides.

Objetivos

Describir los cuidados de enfermería en recién nacidos con síndrome de abstinencia neonatal.

Metodología

Revisión bibliográfica en bases de datos (Pubmed, ScienceDirect, Scopus, Cuiden). Se incluyen referencias en español e inglés, resultados originales de investigación y revisión cuantitativa y cualitativa. Se excluyen resultados con más de 10 años desde su publicación.

Se utilizaron los siguientes términos MeSH: nursing care, newborn y neonatal abstinence syndrome. Para la búsqueda se usaron los operadores booleanos AND y OR respectivamente.

La evaluación de los resultados obtenidos se realizó por parte del primer autor. Se utilizaron los criterios Joanna Briggs, guías CONSORT y STROBE.

Se obtuvieron 60 resultados totales: 25 PubMed, 8 ScienceDirect, 23 Scopus y 4 Cuiden. Se encuentraron 19 resultados repetidos, finalmente se obtuvieron 41.

Resultados: Los resultados muestran diferentes tipos de cuidados. Medidas no farmacológicas independientemente del tratamiento farmacológico (mantener arropado, reducción estímulos ambientales, protección contra el ruido,…). Soporte nutricional adaptado favoreciendo lactancia materna. Cuidados a los padres: educación en cuidados, resolución dudas y refuerzar actitudes saludables. Aplicación escala de Finnegan.

Conclusiones

1. Debido al aumento de la incidencia del síndrome de abstinencia neonatal es vital la formación y actualización de profesionales.
2. La aplicación de cuidados especializados e individualizados favorece la evolución del recién nacido y minimiza los síntomas.

Palabras clave

Cuidados enfermería; recién nacido; síndrome abstinencia neonatal.

EFICACIA DEL *YOGA* EN EL TRATAMIENTO DE ADICCIONES

Concepción Rubiño García
Víctor Manuel Paqué Sánchez
Nuria Rodríguez Pérez
konxirg@hotmail.com

Resumen

Introducción

Actualmente el uso, abuso y adicción a las drogas es considerado un problema de salud pública en nuestra sociedad. El *Yoga*, como terapia de mente y cuerpo, es eficaz para mejorar la calidad de vida de los pacientes con enfermedades crónicas, sin embargo, se sabe poco acerca de su efectividad en las enfermedades adictivas.

Objetivos

Evidenciar la eficacia del *Yoga* como estrategia no farmacológica en el tratamiento de la dependencia a las drogas.

Metodología

Se llevó a cabo una revisión sistemática de la bibliografía de los últimos 10 años a través de los siguientes descriptores, usando los operadores AND y OR: *Drug, Addiction, Yoga, Therapy, Rehabilitation*. Se consultaron diferentes bases de datos y buscadores de evidencia: Medline, Cochrane, LILACS, Cuiden. Los criterios establecidos fueron: estudios que aporten datos empíricos sobre el estado de la cuestión, con acceso al texto completo y escritos en inglés y español. Fueron encontradas 39 publicaciones. Se seleccionaron 16.

Resultados

Los resultados significativos evidencian la disminución de la ansiedad y la conducta impulsiva del paciente con problemas de adicción al alcohol, tabaco y otras drogas y una mejora significativa en el estado de ánimo y de la calidad de vida, en el uso regular de *Yoga* como terapia complementaria dentro del tratamiento de las conductas adictivas.

Esta terapia puede ser ofrecida dentro de los programas de rehabilitación integral para pacientes con adicción a sustancias.

Sin embargo, se requieren más ensayos clínicos para demostrar los efectos a largo plazo de esta terapia, como opción de tratamiento adicional en la rehabilitación de este tipo de pacientes.

Conclusiones

La utilización de la práctica del *Yoga* puede ser una técnica terapéutica complementaria en el tratamiento y prevención de las conductas adictivas.

Palabras Clave

Adicciones; Drogas; Rehabilitación; Terapia; Yoga

ENFERMERIA Y LA APLICACIÓN DEL PROBLEM ORIENTED SCREENING INSTRUMENT FOR TEENAGERS (POSIT)

María del Carmen Rodríguez García
María Sánchez Navarro
Ángeles Ramos Martínez
Desirée Ramírez López
marisun_13@hotmail.com

Resumen

Introducción: La detección precoz del uso y abuso de sustancias nocivas como el alcohol y otras drogas resulta decisiva para la salud. El Problem Oriented Screening Instrument for Teenagers (POSIT) constituye uno de los instrumentos de screening más utilizados a nivel internacional. Los profesionales de Enfermería deberían familiarizarse con dicho instrumento y utilizarlo como estrategia preventiva en las poblaciones de riesgo.

Objetivo

Explorar la aplicación del instrumento *Problem Oriented Screening Instrument for Teenagers* (POSIT).

Metodología

Revisión bibliográfica realizada en abril de 2018. Se consultaron las bases de datos biomédicas: CINAHL, PubMed y Proquest. Se utilizaron términos DeSC y operadores booleanos para crear las cadenas de búsqueda. Los criterios de inclusión definidos fueron: (1) artículos científicos (2) en inglés y español, (3) publicados en revistas científicas, (4) entre 2013 y 2018. Los artículos seleccionados fueron revisados críticamente por los autores, quienes determinaron su validez e interés para el estudio.

Resultados

En lo que respecta al *Problem Oriented Screening Instrument for Teenagers* (POSIT), la mayoría de las investigaciones se centraron exclusivamente en el estudio de una de sus subescalas vinculada al uso y abuso de sustancias. Dicha subescala, compuesta por 17 items dicotómicos (sí/no) cuya puntuación teórica oscila entre 0 y 17, ha sido recientemente estudiada de cara a facilitar una breve versión del instrumento que agilice el screening del uso y abuso de sustancias en la población adolescente.

Conclusiones

Actualmente, el *Problem Oriented Screening Instrument for Teenagers* (POSIT) constituye junto a su subescala de uso y abuso de sustancias (POSITUAS), uno de los instrumentos más utilizados en el screening de conductas adictivas gracias a sus propiedades psicométricas.

Palabras clave

Detección de Abuso de Sustancias; POSIT; Prevención primaria; Trastornos Relacionados con Sustancias.

FACTORES DE RIESGO Y PREVENCIÓN DE RECAÍDAS EN PERSONAS DROGODEPENDIENTES

Ana Belén Llanos Gálvez
Lidia Moya Rodríguez
María Sánchez Venegas
ana_berlanga1@hotmail.com

RESUMEN

Introducción

La adicción a las drogas y su repercusión suponen un grave problema para el desarrollo de la sociedad y la salud pública. A pesar todas las investigaciones para luchar contra esto, las recaídas tras los procesos de rehabilitación presentan una alta incidencia. Esta situación hace necesario plantear estrategias para evitar recaer de nuevo.

Objetivos

Analizar los factores de riesgo relacionados con las recaídas de personas drogodependientes y determinar estrategias para la prevención de las recaídas.

Metodología

Se llevó a cabo una revisión bibliográfica basada en estudios científicos sobre los factores de riesgo presentes en las recaídas por consumo de drogas y posibles estrategias de afrontamiento para poder evitarlas.

Se emplearon las siguientes bases de datos: "Pubmed", "Cochrane" "Web of Science". Las palabras claves para la búsqueda fueron: drogodependientes, factores de riesgo, prevención, recaídas. De un total de 60 artículos se seleccionaron 12. Los estudios seleccionados abarcan aproximadamente los últimos 6 años.

Resultados

Las recaídas de personas drogodependientes se deben a múltiples causas:

- Factores referidos a la persona: las psicopatologías, antecedentes criminales, el craving, prolongado tiempo de consumo y/o recaídas anteriores muestran una probabilidad mayor de reincidir, especialmente los policonsumidores.
- Las circunstancias de mayor transcendencia son los aspectos intrapersonales por inadecuado control emocional.

Factores externos

Consumir antes de comenzar la deshabituación en forma de despedida. Un tratamiento combinado farmacológico y psicológico tiene un resultado terapéutico más eficaz que si se llevan a cabo de forma individual.

Son estrategias esenciales como medidas de prevención la intervención motivacional, el entrenamiento en habilidades sociales y el reforzamiento comunitario.

Conclusiones

Los principales factores de riesgo para las recaídas en drogodependientes están asociados a los aspectos de la personalidad, por este motivo las estrategias para la prevención deben ir orientadas hacia un reforzamiento de la inteligencia emocional, la autoeficacia, resiliencia de la persona y el apoyo social y familiar.

Palabras clave

Drogodependientes, factores de riesgo, prevención, recaídas.

FACTORES PROTECTORES DEL REINTENTO DE SUICIDIO EN TRASTORNOS ADICTIVOS

David Sánchez-Teruel
Valentina, Lucena Jurado
Mª Auxiliadora Robles Bello
dsteruel@uco.es

Resumen

Introducción: El suicidio en personas que presentan trastornos adictivos es un problema de salud pública mundial. La conducta más predictiva del suicidio consumado es la tentativa suicida previa. Los estudios centrados en factores de riesgo, hasta la fecha, no han disminuido las tasas de muertes por suicidio en este colectivo. Sin embargo, los estudios siguen focalizando el interés en los factores de riesgo y no de protección que modulan resultados psicopatológicos y no resultados resilientes, no existiendo suficientes estudios que valoren factores protectores en esta población clínica.

Objetivo

El objetivo de este estudio sería predecir qué factores protectores promueven resiliencia en personas con adicciones autoinformadas que han realizado una tentativa de suicidio previa.

Método

La muestra estuvo constituida por N=46 personas (53.94% mujeres), con edades comprendidas entre 18 y 47 años (M = 23.12; DT = 11.34) con tentativas suicidas previas que autoinformaron sobre el consumo de alguna sustancia adictiva, reclutadas en los Servicios de Urgencias de los Hospitales (públicos y de alta resolución) de una provincia del sur de España. En esta muestra se midió la esperanza (Herth Hope Index-HHI), el optimismo disposicional (Test de Orientación Vital-LOT-R), la autoeficacia (Escala de autoeficacia para el afrontamiento del estrés (Godoy-Izquierdo y Godoy, 2001) y la resiliencia (Escala de Resiliencia de 14-items).

Resultados

Los resultados del análisis multivariante muestran que la esperanza (subdimensión disposición positiva) (OR = 2.34; IC 95% = -1.95-2.87) y la autoeficacia (expectativas de resultado) (OR = 1.83; IC 95% = .09-2.01) son los factores más predictivos de la resiliencia en esta muestra.

Conclusiones

La esperanza como aspecto emocional positivo y la autoeficacia de resultado como creencia sobre que las acciones llevarán a conseguir un resultado deseado o esperado son factores protectores que pueden promover resiliencia, alertando de la necesidad de focalizar el interés clínico sobre los factores de protección que minimizan el efecto de los factores de riesgo en población clínica vulnerable con trastornos adictivos.

Palabras clave

adicción, suicidio; esperanza; resiliencia; optimismo; autoeficacia

IMPACTO DEL EQUIPO MULTIDISCIPLINAR EN EL PROCESO ASISTENCIAL EN PERSONAS CON CONSUMO DE DROGAS

Maldonado Barragán J.
Mizyuk Gorokhova O.
Campos Maldonado CM.
josefitavamono@hotmail.com

Resumen

Introducción: El uso y abuso de las drogas representa un problema grave que produce alteraciones de la salud y problemas sociales. Las conductas adictivas suponen un gran impacto en la vida de los afectados y familias.

Objetivos

Describir la importancia de actuación del equipo multidisciplinar en el manejo de las personas con consumo de drogas.

Metodología

Se realiza la búsqueda bibliográfica en las bases de datos internacionales y nacionales: Pudmed, Cinahl, Scopus, Cuiden, Ibecs, Cochrane, Medes, Dialnet, entre el 25 de marzo y el 5 de mayo del 2018. Para seleccionar los artículos se realizaron dos cribados, el primero se realizó al leer el título y resumen de cada uno y el segundo al leer el texto completo. Los descriptores utilizados fueron: (drug OR "drug addiction") AND "multidisciplinary team" AND (protocol OR guideline). Se eligen los estudios en inglés y español realizados en los últimos 6 años, con el texto completo.

Resultados

De los 23 artículos seleccionados, 9 tratan sobre los aspectos biopsicosociales y éticos de drogodependencia; 14 artículos pretenden recoger la información sobre las funciones de los diferentes profesionales en la atención a las personas con consumo de drogas.

Discusión/Conclusiones: Existe un consenso entre la mayoría de autores, donde la interdisciplinaridad en drogodependencias es la base de un proceso capaz de enlazar las intervenciones de las diferentes áreas de conocimiento en la consecución de objetivos comunes y desde una perspectiva biopsicosocial.

Por tanto, es importante la elaboración de protocolos, guías y catálogos de intervención basándose en las evidencias científicas para garantizar una asistencia de calidad adaptada a las necesidades de cada persona directa o indirectamente afectada por consumo de drogas. Es necesario incorporar herramientas nuevas para la prevención y detección precoz que mejore el pronóstico de las terapias en dependencia.

Palabras clave

Drogodependencia; droga; equipo multidisciplinar; protocolo; guía.

IMPORTANCIA DE LA ACTIVIDAD FÍSICA EN PERSONAS DEPENDIENTES A SUSTANCIAS TÓXICAS

Sánchez Navarro, M.
Ramos Martínez, A.
Ramírez López, D.
Rodríguez García, M.C.
desireeramirezlopez@gmail.com

Resumen

Introducción

En numerosos países de Europa, la implementación del deporte como terapia es una intervención implementada en los servicios sanitarios ya que contiene multitud de beneficios para el organismo, además de reeducar al cuerpo después de tantos años de consumo a comenzar con un estilo de vida saludable, imprescindible para la deshabituación del consumo.

Objetivo

Mostrar la influencia de la actividad física en el tratamiento de desintoxicación y deshabituación a drogas.

Metodología

Se llevó a cabo una revisión sistemática de la bibliografía sobre el tema en el mes de mayo de 2018.Las bases de datos consultadas fueron: Cuiden, Scielo y Pubmed. Se utilizaron términos DeSC y operadores booleanos para crear las cadenas de búsqueda. Se aplicó un filtro de idioma (trabajos publicados en español) y período temporal (2012-2018).Del total de referencias encontradas, fueron seleccionadas 10 para un análisis en profundidad, por cumplir con los criterios de inclusión establecidos, que son los siguientes: estudios que traten sobre el deporte en la desintoxicación, publicados en español y con acceso al texto completo.

Resultado

Actualmente, las intervenciones para la desintoxicación a sustancias tóxicas en pacientes dependientes se realizan mediante un tratamiento biopsicosocial.

La actividad física medida integrada en estos programas y coadyuvante al tratamiento, son una forma práctica de alcanzar un hábito diario y adquirir hábitos de vida saludables, siendo una buena alternativa para llevar a cabo actividades sanas y mantener el tiempo libre en un espacio libre de drogas. Es además una forma de reincorporar a estos usuarios a nivel social en la comunidad de una forma sana y adecuada.

El deporte reduce la adicción ya que hace menos susceptibles los factores desencadenantes, mejorando aspectos como la capacidad de autoconfianza y sensación de bienestar.

Conclusiones

La actividad física es de gran importancia ya que aumenta la autoestima, así como la salud física, psíquica y emocional, mejorando a su vez la ansiedad y el estrés.

Palabras Clave

Detección de Abuso de Sustancias; Educación en Salud; Ejercicio; Terapia por Ejercicio; Trastornos Relacionados con Sustancias

INTERVENCIÓN COMUNITARIA EN EDUCACIÓN PARA LA SALUD FRENTE AL CONSUMO DE DROGAS EN ADOLESCENTES

Pérez-Ardanaz Bibiana
González Cano-Cabalero Mária
bibiarpe@gmail.com

Resumen

Introducción: El consumo de drogas de abuso, incluyendo el tabaco y el alcohol, es un importante problema por su impacto social en nuestra juventud. Pese a las campañas informativas, se observa una preocupante estabilización, e incluso un repunte, en el consumo de estas sustancias, así como un manifiesto desconocimiento de los jóvenes frente a tales cuestiones. Igualmente se confirma una progresiva disminución en las edades a las que se tienen sus primeros contactos con las sustancias psicoactivas.

Objetivos

Conocer el grado de conocimientos y la prevalencia del consumo de sustancias de abuso en adolescentes. Valorar los cambios tras una intervención comunitaria.

Metodología

Estudio experimental «pre-post» a través de una intervención comunitaria en un Instituto de Málaga, con 103 alumnos de 1º y 2º de Bachiller. Se realizó charla educativa de 50 minutos y se entregó material informativo al finalizar la misma. Los cuestionarios se realizaron antes de charla y una semana después de la misma.

Resultados

Edad media 17,35 años (DE 1,70), donde el 30,26% eran varones. En relación a los hábitos habían fumado alguna vez el 53,17% (IC95% 49,2-57,2), siendo más frecuente en el sexo femenino, y el 60,19% (IC95% 56,5-64,2) habían consumido alguna vez alcohol, mientras el 34,72% (IC95% 30,1-38,9) afirma haber probado alguna droga, siendo más frecuente en el sexo masculino. Tras la intervención se observa una mejoría general de los conocimientos sobre las consecuencias del consumo de tabaco, alcohol y drogas.

Conclusiones

Observamos un alto grado de consumo de sustancias de abuso entre alumnos de Bachiller. Tras la intervención observamos un ligero aumento del grado de conocimientos y una mayor conciencia de la gravedad del consumo.

Palabras clave

Educación para la Salud, adolescentes, abuso de tabaco, alcoholismo, abuso de sustancias.

INTERVENCIONES PARA DISMINUIR EL CONSUMO DE MARIHUANA EN ADOLESCENTES

Nerea Márquez Delgado
María de los Ángeles Jiménez Carrión
María Guerrero Royo
Máster Nuevas Tendencias Asistenciales en Ciencias de la Salud. Facultad de Enfermería, Fisioterapia y Podología. Universidad de Sevilla.
nermardel@gmail.com

RESUMEN

Introducción

La marihuana es la droga ilegal que más se consume entre los adolescentes, su porcentaje de consumo en España duplica al de los adultos. Este consumo puede traer problemas desde relaciones sexuales de riesgo, problemas familiares, psicológicos, etc.; a problemas más perjudiciales a lo largo de su vida. Por todos estos elementos es muy importante evaluar periódicamente el consumo y establecer medidas de prevención en la población adolescente.

Objetivos

Extraer intervenciones para disminuir el consumo de marihuana en los adolescentes.

Metodología

Se realiza una búsqueda bibliográfica con descriptores DeCS y estrategia de búsqueda: intervention AND consumption AND marijuana AND adolescent. Realizada en las bases de datos PubMed, Dialnet y Lilacs; y buscador Scielo y Google Academico. Los criterios de selección fueron artículos en español o ingles y del 2008 al 2018. Se seleccionaron 10 artículos según los criterios de selección e interés.

Resultados

Según Laporte et al., en dos de sus estudios muestra como el desarrollo de una serie de intervenciones de profesionales donde primero se hace una entrevista mediante modelo FRAMES (retroalimentación, responsabilidad, consejo, menú, empatía, autoeficacia) y luego seguimiento y actividades, se consigue disminuir el consumo de marihuana. Hay que comunicar cara a cara, mediante carteles o medios interactivos donde se refleje la cantidad de consumo, consecuencias y responsabilidad de cambiar.

Conclusiones

Las intervenciones más apropiadas para disminuir el consumo de marihuana en adolescente debe contar con información sobre riesgos a corto y largo plazo, sesiones participativas y cada cierto tiempo, realizando una evaluación sobre el impacto que causa las intervenciones. Una detección precoz es útil, necesaria y fácilmente se puede conseguir en los centros educativos. Una la línea de investigación futura debería ser ampliar el conocimiento y evidencia científica sobre las intervenciones para disminuir el consumo de cannabis que tienen efecto y las que no.

Palabras claves

Adolescentes; consumo; intervención; marihuana.

LA DEPENDENCIA A LOS ANALGÉSICOS: CASO CLÍNICO

Fernández-León, Pablo
Colorado-Sánchez, Carolina
Departamento de Enfermería. Facultad de Enfermería, Fisioterapia y Podología.
Universidad de Sevilla.
pabferleo1@alum.us.es

Resumen

Introducción: La dependencia de sustancias es reconocida como una enfermedad cerebral primaria crónica y recurrente. Tras la valoración enfermera a A.F., se determina que el abuso de sustancias, concretamente, el consumo excesivo de analgésicos es el factor relacionado con la ansiedad referida, proponiéndose un plan de cuidados centrado en la disminución de la misma.

Objetivos

Aplicar el proceso de atención en enfermería mediante el uso de la taxonomía enfermera a una situación de ansiedad relacionada con el consumo excesivo de analgésicos.

Metodología

Se presenta un caso clínico de A.F. (puesto de trabajo: *azafata de vuelo*) que acude a urgencias de atención primaria. Presenta un cuadro de ansiedad generalizada y durante la entrevista refiere que para aliviar el dolor de los miembros inferiores, toma analgésicos prácticamente a diario y por rachas combinando paracetamol, ibuprofeno y lorazepam, desde hace casi año y medio. No hay nada que reseñar entre los antecedentes familiares.

Resultados

La paciente ve peligrar su salud debido al abuso de estos fármacos y cree que debe dejar de consumirlos de esta manera excesiva. La enfermera confirma que la sintomatología que presenta es fruto de la angustia y malestar que le produce pensar en el cese de la toma de analgesia. Se planifican una serie de actividades orientadas a disminuir esta ansiedad, creando un ambiente que facilite la confianza e identificando estrategias que le ayuden en el proceso.

Conclusiones

Este caso muestra cómo las actividades de la enfermera de atención primaria unido al manejo de la taxonomía enfermera, permiten el abordaje completo de una situación de abuso de medicamentos.

Palabras clave

Ansiedad; Abuso de Medicamentos; Analgésicos; Atención en Enfermería; Terminología Normalizada de Enfermería.

LOS EFECTOS EN LA SALUD DEL CONSUMO DE CACHIMBAS EN ADOLESCENTES

María de los Ángeles Jiménez Carrión
María Guerrero Royo
Nerea Márquez Delgado
Máster Nuevas Tendencias Asistenciales en Ciencias de la Salud. Facultad de Enfermería, Fisioterapia y Podología. Universidad de Sevilla
angeles89jc@gmail.com

Resumen

Introducción: El consumo de tabaco usando una pipa de agua, es considerado una nueva amenaza para la salud pública, entre los jóvenes. También conocida como "shisha". Según la OMS, estudios sobre la prevalencia del consumo de tabaco en pipa de agua, evidenció cifras alarmantemente altas, entre estudiantes de secundaria de Oriente Medio; registrando la prevalencia más elevada a nivel mundial, entre los 13 a 15 años siendo de entre el 9% y el 15%.

Objetivos

Determinar los efectos reales de las cachimbas sobre la salud.

Métodos

Se realizó una búsqueda bibliográfica con descriptores DeCS: cachimbas, shisha, adolescentes, efectos en salud; para las bases de datos Cuiden, Dialnet, y PubMed. Los criterios de selección fueron artículos en español o inglés, comprendidos entre 2010 y 2018. Finalmente, se seleccionaron 4 artículos. Tuvo lugar la revisión entre febrero y marzo de 2018.

Resultados

Según Araujo, las "shishas" contienen de nicotina de un 2-4%, el doble que los cigarrillos. En el humo de las cachimbas se han encontrado cantidades significativas de varias clases de sustancias tóxicas y 27 carcinógenos. Según José Ignacio, el mayor impacto sobre la salud se ha asociado a los sistemas cardiovasculares y respiratorios, como enfermedad coronaria aguda y EPOC. Además, existe un alto riesgo microbiano por fumar pipa de agua, ya que suelen compartir la misma boquilla.

Conclusiones

El consumo de cachimbas aumenta el riesgo:
1. Padecer cáncer, frecuentemente cáncer de pulmón.
2. Enfermedades respiratorias, principalmente la bronquitis crónica.
3. Problemas cardiovasculares, como enfermedad coronaria aguda
4. Microbiano, dando lugar a enfermedades como la tuberculosis, herpes o mononucleosis infecciosa.
5. Adicción entre los adolescentes.

Es fundamental elaborar campañas de salud pública para concienciar a los jóvenes del riesgo que puede conllevar su uso sobre la salud.

Palabras Clave

Adolescentes; cachimbas; consumo; efectos en la salud.

PREDICCIÓN DEL CONSUMO DE CANNABIS SOBRE OTRAS SUSTANCIAS PSICOACTIVAS EN ESTUDIANTES UNIVERSITARIOS

David Sánchez-Teruel, PhD1*

Mª Auxiliadora Robles-Bello, PhD2

Mª Inmaculada Ruiz García 2

Nieves J. Valencia Naranjo, PhD2

Mª Dolores de los Riscos Casasola 3

José Antonio Muela Martínez, PhD2

1 Departamento de Psicología-Universidad de Córdoba;

2 Departamento de Psicología-Universidad de Jaén;

3 Centro Provincial de Drogodependencias-Diputación Provincial de Jaén

* Autor correspondencia: Universidad de Córdoba-Facultad de Ciencias de la Educación-Dpto. Psicología. Avd. de San Alberto Magno, s/n-dsteruel@uco.es

Resumen

Introducción

El consumo de cannabis es un problema sanitario a nivel mundial que afecta a colectivos concretos como el de adultos-jóvenes. Dentro de este colectivo los estudiantes universitarios representan una importante población, con unas características que les hace especialmente vulnerables a la realización de conductas de riesgo como el consumo de otras sustancias como cocaína, éxtasis y alucinógenos.

Objetivo

Comprobar si el consumo de cannabis en estudiantes universitarios predice el consumo de otras sustancias adictivas.

Método

La muestra total estuvo constituida por 1.359 estudiantes universitarios andaluces de diversas titulaciones de los que 757 eran mujeres (55,7%), donde la edad media fue de 21,13 (DT=4,03). Se aplicó en horario lectivo el cuestionario "Andaluces ante las drogas" de la Consejería para la Igualdad y el Bienestar Social de la Junta de Andalucía (2007).

Resultados

Rl consumo de cannabis en el último mes incrementa la probabilidad de consumir cocaína, éxtasis y alucinógenos entre 2 y 5 puntos, siendo significativa dicha predicción en esta población (Exp(β); $p<0,05$).

Conclusiones

Se deben poner en marcha políticas concretas de prevención del consumo de cannabis dentro de los campus universitarios, para disminuir la progresión hacia el consumo de otras sustancias adictivas en jóvenes universitarios.

Palabras clave

Cannabis, universitarios, predicción, cocaína, alucinógenos

PREVALENCIA Y FACTORES PREDICTORES DEL CONSUMO DE ALCOHOL DURANTE EL EMBARAZO Y TRASTORNOS DEL ESPECTRO ALCOHÓLICO FETAL

Gómez-Luque, Adela
Romero-Zarallo, Gema
Clavijo-Chamorro, Zoraida
Cordero-Luengo, Mª del Carmen
Departamento de Enfermería.
Universidad de Extremadura.
adelagl@unex.es

Resumen

Introducción: El alcohol es teratógeno, que atraviesa la placenta dañando el cerebro y otros órganos del feto en desarrollo. Por ello, el consumo de alcohol durante el embarazo es causante de efectos adversos para la salud de la madre y del feto, suponiendo un factor de riesgo de sufrir diferentes complicaciones como una muerte fetal intrauterina, aborto espontáneo, nacimiento prematuro, retraso del crecimiento intrauterino y bajo peso al nacer. Además, es el principal causante de desarrollar el Síndrome Alcohólico Fetal (SAF), uno de los más graves Trastornos del Espectro Alcohólico Fetal (TEAF).

Objetivos

Analizar la prevalencia y factores predictores del consumo de alcohol durante el embarazo, así como de los trastornos del espectro alcohólico fetal.

Metodología

Revisión bibliográfica mediante una búsqueda en las principales bases de datos internacionales: Pubmed, Scopus y CINAHL, realizada del 15 abril al 5 junio de 2018. Los criterios de inclusión fueron revisiones sistemáticas, meta-análisis y estudios transversales, en castellano e inglés publicados en los últimos ocho años, siguiendo la estrategia de búsqueda: Alcohol drinking AND Fetal Alcohol Spectrum Disorders AND Pregnancy AND Pregnant women AND Prevalence AND risk factors. Inicialmente fueron seleccionados 25 resultados, de los cuales se analizaron 9 tras la lectura completa de los mismos.

Resultados

Los estudios seleccionados demuestran que el consumo de alcohol durante el embarazo es común en muchos países del mundo, estimándose en un 9,8% a nivel global según Popova S, et al. 2017 y como tal, los trastornos del espectro alcohólico son también relativamente prevalentes (7.7 por 1000 habitantes), según Lange S, et al. 2017. Los factores predictores significativos incluyen ser joven, soltera, bajo nivel de educación materna, fumar e edad de inicio temprana del consumo de alcohol, entre otros.

Conclusión

Los resultados ponen de manifiesto que el consumo de alcohol y los trastornos espectro alcohólico fetal, incluido el síndrome alcohólico fetal suponen un problema de salud pública prevalente, siendo potencialmente prevenible. Por lo que surge la necesidad de implementar estrategias de prevención más efectivas, a través de la educación para la salud dirigida a hombres y mujeres en edad fértil sobre el daño potencial de la exposición prenatal al alcohol, incidiendo en aquellas en riesgo de exposición al alcohol durante el embarazo.

Palabras clave

Alcohol drinking; Fetal Alcohol Spectrum Disorders; Pregnancy; Pregnant women; Prevalence; Risk factors.

PROGRAMAS DE PREVENCIÓN DE ADICCIONES EN NIÑOS Y JÓVENES DE SEVILLA. ADMINISTRACIONES AUTONÓMICA Y LOCAL

Antonio Manuel Barbero Radío (1)
Alejandro Antonio Greciano Luque
Juan Jesús Alcón Villalba
(1) Profesor Interino Asociado.
Departamento de Enfermería.
Universidad de Sevilla.
abarbero1@us.es

Resumen

Introducción

Prevalencia de adicciones como factor de riesgo en jóvenes de Sevilla en materia de accidentes de tráfico (principal causa de mortalidad en adolescentes), así como en trastornos emocionales,...

Objetivos

General: Conocer la cartera de servicio público para prevenir adicciones en jóvenes de Sevilla.

Específicos:

- Determinar la suficiencia de programas al efecto.
- Distinguir la especificidad de las intervenciones.
- Identificar dinámica y medio habitual de las mismas.
- Comparar los programas por su fortaleza y debilidad.

Metodología

Revisión bibliográfica de la oferta en educación y salud por la Junta de Andalucía y el Plan de Acción Local del Ayuntamiento de Sevilla.

Resultados

Junta de Andalucía: Crecer en Salud en primaria ("Uso Positivo de las Tecnologías de la Información y la Comunicación" y "Prevención del Consumo de Sustancias Adictivas") y Forma Joven en secundaria ("Uso Positivo de las Tecnologías de la Información y de la Comunicación" y "Prevención de Drogodependencias: Alcohol, Tabaco, Cannabis y Otras Drogas").

Ayuntamiento de Sevilla: Educación para la Salud en primaria ("Nuestro escenario: el teatro en la educación") y secundaria ("Nuestro Escenario: el Teatro en la Educación", "Adolescencia y Alcohol", "Adolescencia y Tabaco" y "Hablemos sobre los Porros").

Ambos programas se dan en el marco educativo reglado; y en el asociacionismo juvenil por su estrategia educadora, de cohesión y fomento de ayuda mutua.

Conclusiones

(1) Mayor especificidad temática desde la administración local.

(2) La adicción a TICS sólo es contemplada por la Junta de Andalucía.

(3) El Ayuntamiento utiliza el teatro además de los talleres como medios de sensibilización.

(4) Ambos programas coexisten por acuerdo entre administraciones, con especial interés en los llamados Puntos Forma Joven evitando el solapamiento.

(5) Menor intervención fuera del marco educativo reglado dado el escaso asociacionismo juvenil.

(6) Menor desarrollo del Forma Joven; sin personal técnico con dedicación completa.

Palabras clave

Adicción; administración; jóvenes.

RELACIÓN ENTRE EL CONSUMO DE CANNABIS Y LAS IDEAS Y/O TENTATIVAS SUICIDAS EN LA POBLACIÓN JOVEN

Luz Ureña Sánchez
Graduada en Enfermería por la Universidad de Córdoba

Marta Rodríguez Pascual
Graduada en Enfermería por la Universidad de Almería

Resumen

Introducción

El consumo de cannabis ha aumentado exponencialmente a lo largo de los últimos años haciendo de ésta la droga ilegal más consumida. De igual modo, la edad de inicio de consumo se ha adelantado, siendo el abuso del cannabis un problema de salud pública en la población joven. El consumo inadecuado de esta droga afecta de forma negativa a la salud mental del individuo favoreciendo, entre otras cosas, la aparición de ideas suicidas.

Objetivos

Examinar la relación existente entre el consumo de cannabis y las ideas suicidas y/o intento de suicidio en la población joven.

Metodología

Se realizó una revisión bibliográfica en las bases de datos Pubmed, Scopus y Cochrane Plus en mayo de 2018. Se limitó la búsqueda a artículos de los últimos 5 años, en inglés. Se incluyeron artículos relacionados con el intento de suicidio en jóvenes que consumen cannabis. Finalmente, fueron utilizados 9 artículos científicos para la revisión.

Resultados

Los resultados muestran una relación entre el consumo de cannabis y las ideas y tentativas de suicidio entre los jóvenes, si bien esta relación es indirecta puesto que el consumo de cannabis puede derivar en otras situaciones que incrementan el riesgo directo de suicidio. En los estudios se observa que el consumo indebido de cannabis a diario y a una edad temprana aumenta la probabilidad de desarrollar ideas suicidas y/o tentativas de suicidio. Así mismo, se aprecia que características como el sexo y la raza influyen en la probabilidad de suicidio.

Conclusión

El consumo de cannabis aumenta las probabilidades de desarrollar ideas suicidas y tentativas de suicidio en personas jóvenes. El consumo indebido, a diario y a una edad temprana de cannabis aumenta este riesgo. Una investigación más amplia sobre este tema podría contribuir a concienciar a la población más joven sobre estos efectos adversos menos conocidos del abuso de cannabis. Tras esta búsqueda bibliográfica sorprende el limitado número de artículos actuales que existen con relación a este tema de gran índole en la sociedad contemporánea.

Palabras clave

"Marijuana Abuse/mortality"; "Marijuana Abuse/physiopathology"; "Marijuana Abuse/psychology"; "Suicide"; "Young Adult".

RIESGOS DE LA ADICCIÓN A LAS BENZODIAZEPINAS. ESTRATEGIAS PARA EL MANEJO ADECUADO DEL TRATAMIENTO

Nuria Rodríguez Pérez
Concepción Rubiño García
Víctor Manuel Paqué Sánchez
nuri-86@hotmail.com

Resumen

Introducción: Son frecuentes los casos de ansiedad y problemas de sueño en nuestra sociedad. Las benzodiazepinas (BZD) son los psicofármacos más prescritos por su eficacia en estos casos, pero un uso abusivo puede provocar diversos riesgos.

Objetivo

Dar a conocer los riesgos asociados al abuso de las benzodiacepinas y promover el consumo racional y seguro de las mismas.

Metodología

Revisión bibliográfica realizada durante abril y mayo de 2018 de artículos científicos, trabajos de investigación y estudios encontrados en Google académico, Pubmed y Scielo.

Los criterios de inclusión fueron: estudios que aporten datos empíricos sobre el estado de la cuestión, con acceso al texto completo, escritos en inglés, portugués y español y publicados en los últimos 11 años. Se seleccionaron un total de 10 artículos.

Descriptores utilizados

Abuso benzodiazepinas; Adicción; Ansiedad; Insomnio.

Resultados

Las benzodiazepinas, deberían prescribirse tras el fracaso de las medidas de relajación y de higiene del sueño. Su consumo durante largos períodos de tiempo puede causar dependencia psíquica, física, tolerancia, sobredosis y síndrome de abstinencia, incluido el delirio (potencialmente mortal). También provocan deterioro de memoria, accidentes y caídas.

La prescripción de estos fármacos debe ser individualizada, siendo necesario evaluar previamente la relación beneficio/riesgo en cada paciente. Deben evitarse en ancianos siempre que sea posible por ser más sensibles a sus efectos nocivos. Cuando sea necesaria su prescripción, se vigilará la posible aparición de deterioro cognitivo y caídas. Una estrategia que informe al paciente de los problemas que acarrea el consumo de BZD a largo plazo y que incluya la pauta de retirada gradual, es útil en la deshabituación de estos fármacos.

Conclusiones

Conocidos los riesgos del consumo de benzodiazepinas, estas solo deben prescribirse cuando hayan fracasado tratamientos menos nocivos. Su consumo se mantendrá durante cortos períodos de tiempo y su retirada será gradual.

Se recomienda una mayor divulgación sobre sus efectos para mejorar la calidad de vida de quienes las ingieren. Está demostrado que proporcionar información al individuo sobre los problemas que conlleva su consumo, es útil para provocar su deshabituación de dichos fármacos

Palabras claves

Adicción, Medicamentos, Tratamientos, Salud

ROL DE ENFERMERÍA EN LA ADHERENCIA FARMACOLÓGICA AL DISULFIRAM EN LA DESHABITUACIÓN ALCOHÓLICA

José Antonio Jiménez
Enfermero Clínica SAMU Wellness (Sevilla).
jajimenezramos95@gmail.com

Resumen

Introducción

La valoración de la adherencia terapéutica y farmacológica es una actividad importante de Enfermería, tanto de atención primaria como hospitalaria. Los pacientes alcohólicos tratados con fármacos como Disulfiram deben recibir intervenciones específicas para evitar el abandono farmacológico y reacciones adversas.

Objetivo: Conocer la literatura existente sobre el uso de Disulfiram en la deshabituación alcohólica y el papel de Enfermería en la adherencia terapéutica.

Metodología

Se realizó una revisión sistemática de artículos en castellano e inglés indexados en PubMed, Web os Science y Scopus en los últimos cinco años, mediante la utilización de Medical Subject Headings (MeSH): "Medication Adherence", "Disulfiram" y "Nursing Care".

Además, se realizó una búsqueda oportunista de la ficha técnica del Disulfiram y uso de la NANDA para el manejo de la adherencia terapéutica.

Resultados: Existe poca literatura acerca del papel de enfermería en la adherencia terapéutica a fármacos para la aversión al alcohol, por lo que es necesario adaptar otras intervenciones enfermeras.

Los objetivos e intervenciones de Enfermería deben ir encaminadas al NOC [1903] Control del riesgo: consumo de alcohol junto con los NIC [5616] Enseñanza: medicamentos prescritos y [2380] Manejo de la medicación.

Conclusiones

Monitorización de la correcta toma y dosificación del fármaco prescrito.

Enseñar productos que contienen cantidades enmascaradas de alcohol como el vinagre, salsas, cremas o enjuagues bucales.

Informar que el consumo de alcohol mientas se está tomando Disulfiram producirá reacciones adversas desde leves a moderadas o graves.

Seguimiento del consumo alcohólico, evitar hasta 3 semanas después de retirar Disulfiram.

En caso de reacción adversa se realizarán medidas de soporte y sintomáticas. Administrar ácido ascórbico intravenoso y/o clorpromazina intramuscular. Restablecer el equilibrio hemodinámico, posición de Trendelenburg y correcta apertura de vía aérea, oxigenación y corrección de parámetros arteriales de pCO_2 y PO_2 y pH.

Palabras claves

Disulfiram; Medication Adherence; Nursing Care

TRASTORNO POR CONSUMO DE CANNABIS EN JÓVENES

Marta Rodríguez Pascual (1)
Luz Ureña Sánchez, (2)
María Andreu Tornero (3)
*(1) Graduada en Enfermería por la Universidad de Almería,
marta.rodriguez.pascual95@gmail.com
(2) Graduada en Enfermería por la Universidad de Córdoba,
(3) Graduada en Enfermería por la Universidad de Jaén*

Resumen

Introducción: El trastorno por consumo de cannabis o dependencia al cannabis hace referencia al uso problemático de esta sustancia llegando a la incapacidad de dejar de consumirla aunque este interfiriendo en varios aspectos de la vida muy negativamente. Dado que actualmente entre la población joven se encuentra un porcentaje considerable de consumidores de cannabis, es importante analizar que características influyen en el riesgo de padecer este trastorno.

Objetivo

Identificar los factores predisponentes y/o de riesgo para sufrir un trastorno por consumo de cannabis en personas jóvenes.

Metodología: Se realizó una revisión bibliográfica durante el mes de Mayo de 2018 consultando la base de datos Pubmed. Los términos utilizados en la búsqueda fueron "Precipitating factors", "Risk factors", "Cannabis use disorder" y "Young adult". Se incluyeron artículos de los últimos cinco años en inglés y español, obteniendo una selección final de ocho estudios para la revisión.

Resultados

Los resultados muestran que los principales factores que predisponen a sufrir un trastorno por consumo de cannabis en jóvenes fueron: el consumo temprano de alcohol y frecuente de cannabis, el sexo (masculino), el estado civil (soltería), el nivel educativo y de ingresos (bajos), la situación y duración de desempleo, el maltrato (abuso físico, emocional, abandono, episodios múltiples de maltrato) y haber tenido un sueño perturbado (inquieto y de tiempo irregular) durante la infancia y padecer trastornos afectivos, de personalidad, de externalización y ansiedad.

Conclusiones

Entre los factores asociados a la progresión de la dependencia del cannabis se encuentran los factores socioeconómico-culturales, familiares, psicológicos y de salud mental, y patrones asociados a conductas de consumo de cannabis y alcohol. Conocer estos factores resulta esencial para la actuación en el ámbito de la prevención y de la educación de la salud, tanto en jóvenes que aún no consumen cannabis como en aquellos que sí lo hacen.

Palabras clave

"CANNABIS USE DISORDER"; "PRECIPITATING FACTORS";"RISK FACTORS"; "YOUNG ADULT"

CONCLUSIONES

LAS JORNADAS INTERNACIONALES DE TRABAJO SOBRE USO Y ABUSO DE DROGAS Y OTROS ADICTIVOS

En La Facultad de Enfermería Fisioterapia y Podología de la Universidad de Sevilla han tenido lugar, los días 14 y 15 de junio, las I Jornadas Internacionales de Trabajo 'Uso y abuso de drogas y otros adictivos', con una visión multi e interdisciplinar y el objetivo de desarrollar un foro de encuentro, debate e intercambio de ideas entre profesionales socio-sanitarios del ámbito de la prevención y control del uso y abuso de drogas y otros adictivos, difundir trabajos de investigación relacionados con este ámbito, y con el propósito de concienciar a estudiantes universitarios de la necesidad de desarrollar investigaciones en esta área.

Han sido casi 100 las personas inscritas y más de 70 los posters defendidos, en las modalidades presencial y virtual, destacando la variada procedencia de los/las participantes, proveniente de muy distintas disciplinas y lugares de España y contando con presencia de compañeras de Méjico.

Durante las jornadas, han tenido lugar 3 mesas redondas inter-multidisciplinares, donde han participado ponentes de muy distintas disciplinas que trabajan la problemática de las adicciones, contando con aportaciones tan valiosas como las de Fernando Arenas (subdirector general de Adicciones de la Consejería de Igualdad y Políticas Sociales de la Junta de Andalucía), Emiliano Martín (psicólogo y ex-Subdirector General del Plan Nacional sobre Drogas), además ponentes internacionales de la Universidade da Beira Interior (Portugal) y de la Universidad Autónoma de Nuevo León (México), entre otros.

A ello hay que unir los 6 talleres de trabajo simultáneos en los que los/las asistentes han podido profundizar en aspectos como la inteligencia emocional o el uso de las TIC entre otras, dedicando también un taller a las publicaciones científicas impartido por Dña. Pilar Sáiz Martínez, editora jefe de la revista de impacto Adicciones. Además, entre todos los trabajos presentados, se hizo entrega del premio por un valor de 100 euros y diploma de mención especial al mejor poster científico presentado por Dña. Rocío Illanes titulado "Metodología de captación de jóvenes con alta vulnerabilidad hacia el consumo de sustancias adictivas desde el movimiento asociativo de Sevilla", que, usando una metodología cualitativa, valoró la respuesta de los participantes a la metodología de sensibilización captación de jóvenes en los espacios de ocio y de encuentro juvenil: la calle y el medio abierto. que utilizan las asociaciones de prevención de adicciones en la provincia de Sevilla a través de la figura del educador/a de calle.

Deseamos haber alcanzado nuestro objetivo y que los asistentes hayan disfrutado de estas Jornadas y les emplazamos a futuras ediciones, en las que esperamos mejorar a partir de las lecciones aprendidas.

Dra. Rocío de Diego Cordero
Presidenta del Comité Organizador

*Este libro se terminó de elaborar en marzo de 2019
en la ciudad de Sevilla, bajo los cuidados de
Francisco Anaya, director de Ediciones Egregius.*

www.ingramcontent.com/pod-product-compliance
Lightning Source LLC
Chambersburg PA
CBHW070247230526
45470CB00002B/509